崧燁文化

曹永忠、許智誠、蔡英德　著

Ameba 8710 Wifi
氣氛燈硬體開發
(智慧家庭篇)

Using Ameba 8710 to Develop a
WIFI-Controlled Hue Light Bulb
(Smart Home Series)

自序

從第一本書是到今天，沒想到一晃眼就進入第五年，而出版繁簡體的電子書竟也破百本大關，當初出版電子書是希望能夠在教育界開一門 Maker 自造者相關的課程，沒想到一寫就已過 4 年，而這些書都是我學習當一個 Maker 累積下來的成果。

這本書可以說是我的書另一個里程碑，很久以前，這個系列開始以駭客的觀點為主，希望 Maker 可以擁有駭客的觀點、技術、能力，駭入每一個產品設計思維，並且成功的重製、開發、超越原有的產品設計，這才是一位對社會有貢獻的『駭客』。

如許多學習程式設計的學子，為了最新的科技潮流，使用著最新的科技工具與軟體元件，當他們面對許多原有的軟體元件沒有支持的需求或軟體架構下沒有直接直持的開發工具，此時就產生了莫大的開發瓶頸，這些都是為了追求最新的科技技術而忘卻了學習原有基礎科技訓練所致。

筆著鑒於這樣的困境，思考著『如何駭入眾人現有知識寶庫轉換為我的知識』的思維，如果我們可以駭入產品結構與設計思維，那麼了解產品的機構運作原理與方法就不是一件難事了。更進一步我們可以將原有產品改造、升級、創新，並可以將學習到的技術運用其他技術或新技術領域，透過這樣學習思維與方法，可以更快速的掌握研發與製造的核心技術，相信這樣的學習方式，會比起在已建構好的開發模組或學習套件中學習某個新技術或原理，來的更踏實的多。

目前許多學子在學習程式設計之時，恐怕最不能了解的問題是，我為何要寫九九乘法表、為何要寫遞迴程式，為何要寫成函式型式⋯等等疑問，只因為在學校的學子，學習程式是為了可以了解『撰寫程式』的邏輯，並訓練且建立如何運用程式邏輯的能力，解譯現實中面對的問題。然而現實中的問題往往太過於複雜，授課的老師無法有多餘的時間與資源去解釋現實中複雜問題，期望能將現實中複雜問題淬鍊成邏輯上的思路，加以訓練學生其解題思路，但是眾多學子宥於現實問題的困惑，無法單純用純粹的解題思路來進行學習與訓練，反而以現實中的複雜來反駁老師教學太過學理，沒有實務上的應用為由，拒絕深入學習，這樣的情形，反而自己造成了學習上的障礙。

本系列的書籍，針對目前學習上的盲點，希望讀者當一位產品駭客，將現有產品的產品透過逆向工程的手法，進而了解核心控制系統之軟硬體，再透過簡單易學的單晶片開發板與 C 語言，重新開發出原有產品，進而改進、加強、創新其原有產品固有思維與架構。如此一來，因為學子們進行『重新開發產品』過程之中，可以很有把握的了解自己正在進行什麼，對於學習過程之中，透過實務需求導引著開發過程，可以讓學子們讓實務產出與邏輯化思考產生關連，如此可以一掃過去陰霾，更踏實的進行學習。

這三年多以來的經驗分享，逐漸在這群學子身上看到發芽，開始成長，覺得 Maker 的教育方式，極有可能在未來成為教育的主流，相信我每日、每月、每年不斷的努力之下，未來 Maker 的教育、推廣、普及、成熟將指日可待。

最後，請大家可以加入 Maker 的 Open Knowledge 的行列。

曹永忠 於貓咪樂園

自序

記得自己在大學資訊工程系修習電子電路實驗的時候,自己對於設計與製作電路板是一點興趣也沒有,然後又沒有天分,所以那是苦不堪言的一堂課,還好當年有我同組的好同學,努力的照顧我,命令我做這做那,我不會的他就自己做,如此讓我解決了資訊工程學系課程中,我最不擅長的課。

當時資訊工程學系對於設計電子電路課程,大多數都是專攻軟體的學生去修習時,系上的用意應該是要大家軟硬兼修,尤其是在台灣這個大部分是硬體為主的產業環境,但是對於一個軟體設計,但是缺乏硬體專業訓練,或是對於眾多機械機構與機電整合原理不太有概念的人,在理解現代的許多機電整合設計時,學習上都會有很多的困擾與障礙,因為專精於軟體設計的人,不一定能很容易就懂機電控制設計與機電整合。懂得機電控制的人,也不一定知道軟體該如何運作,不同的機電控制或是軟體開發常常都會有不同的解決方法。

除非您很有各方面的天賦,或是在學校巧遇名師教導,否則通常不太容易能在機電控制與機電整合這方面自我學習,進而成為專業人員。

而自從有了 Arduino 這個平台後,上述的困擾就大部分迎刃而解了,因為Arduino 這個平台讓你可以以不變應萬變,用一致性的平台,來做很多機電控制、機電整合學習,進而將軟體開發整合到機構設計之中,在這個機械、電子、電機、資訊、工程等整合領域,不失為一個很大的福音,尤其在創意掛帥的年代,能夠自己創新想法,從 Original Idea 到產品開發與整合能夠自己獨立完整設計出來,自己就能夠更容易完全了解與掌握核心技術與產業技術,整個開發過程必定可以提供思維上與實務上更多的收穫。

Arduino 平台引進台灣自今,雖然越來越多的書籍出版,但是從設計、開發、製作出一個完整產品並解析產品設計思維,這樣產品開發的書籍仍然鮮見,尤其是能夠從頭到尾,利用範例與理論解釋並重,完完整整的解說如何用 Arduino 設計出一個完整產品,介紹開發過程中,機電控制與軟體整合相關技術與範例,如此的書籍更是付之闕如。永忠、英德兄與敝人計畫撰寫 Maker 系列，就是基於這樣對市場需要的觀察，開發出這樣的書籍。

　　作者出版了許多的 Arduino 系列的書籍，深深覺的，基礎乃是最根本的實力，所以回到最基礎的地方，希望透過最基本的程式設計教學，來提供眾多的 Makers 在入門 Arduino 時，如何開始，如何攥寫自己的程式，進而介紹不同的週邊模組，主要的目的是希望學子可以學到如何使用這些週邊模組來設計程式，期望在未來產品開發時，可以更得心應手的使用這些週邊模組與感測器，更快將自己的想法實現，希望讀者可以了解與學習到作者寫書的初衷。

　　　　　　　　　　許智誠　　於中壢雙連坡中央大學 管理學院

自序

隨著資通技術(ICT)的進步與普及,取得資料不僅方便快速,傳播資訊的管道也多樣化與便利。然而,在網路搜尋到的資料卻越來越巨量,如何將在眾多的資料之中篩選出正確的資訊,進而萃取出您要的知識?如何獲得同時具廣度與深度的知識?如何一次就獲得最正確的知識?相信這些都是大家共同思考的問題。

為了解決這些困惱大家的問題,永忠、智誠兄與敝人計畫製作一系列「Maker系列」書籍來傳遞兼具廣度與深度的軟體開發知識,希望讀者能利用這些書籍迅速掌握正確知識。首先規劃「以一個 Maker 的觀點,找尋所有可用資源並整合相關技術,透過創意與逆向工程的技法進行設計與開發」的系列書籍,運用現有的產品或零件,透過駭入產品的逆向工程的手法,拆解後並重製其控制核心,並使用 Arduino相關技術進行產品設計與開發等過程,讓電子、機械、電機、控制、軟體、工程進行跨領域的整合。

近年來 Arduino 異軍突起,在許多大學,甚至高中職、國中,甚至許多出社會的工程達人,都以 Arduino 為單晶片控制裝置,整合許多感測器、馬達、動力機構、手機、平板...等,開發出許多具創意的互動產品與數位藝術。由於 Arduino 的簡單、易用、價格合理、資源眾多,許多大專院校及社團都推出相關課程與研習機會來學習與推廣。

以往介紹 ICT 技術的書籍大部份以理論開始、為了深化開發與專業技術,往往忘記這些產品產品開發背後所需要的背景、動機、需求、環境因素等,讓讀者在學習之間,不容易了解當初開發這些產品的原始創意與想法,基於這樣的原因,一般人學起來特別感到吃力與迷惘。

本書為了讀者能夠深入了解產品開發的背景,本系列整合 Maker 自造者的觀念與創意發想,深入產品技術核心,進而開發產品,只要讀者跟著本書一步一步研習與實作,在完成之際,回頭思考,就很容易了解開發產品的整體思維。透過這樣的思路,讀者就可以輕易地轉移學習經驗至其他相關的產品實作上。

所以本書是能夠自修的書，讀完後不僅能依據書本的實作說明準備材料來製作，盡情享受 DIY(Do It Yourself)的樂趣，還能了解其原理並推展至其他應用。有興趣的讀者可再利用書後的參考文獻繼續研讀相關資料。

　　本書的發行有新的創舉，就是以電子書型式發行，在國家圖書館 (http://www.ncl.edu.tw/)、國立公共資訊圖書館 National Library of Public Information(http://www.nlpi.edu.tw/)、台灣雲端圖庫(http://www.ebookservice.tw/)等都可以免費借閱與閱讀，如要購買的讀者也可以到許多電子書網路商城、Google Books 與 Google Play 都可以購買之後下載與閱讀。希望讀者能珍惜機會閱讀及學習，繼續將知識與資訊傳播出去，讓有興趣的眾人都受益。希望這個拋磚引玉的舉動能讓更多人響應與跟進，一起共襄盛舉。

　　本書可能還有不盡完美之處，非常歡迎您的指教與建議。近期還將推出其他 Arduino 相關應用與實作的書籍，敬請期待。

　　最後，請您立刻行動翻書閱讀。

蔡英德 於台中沙鹿靜宜大學主顧樓

目 錄

ix

物聯網系列

　　本書是『物聯網系列』之『智慧家庭篇氣氛燈泡』的第三本書,是筆者針對智慧家庭為主軸,運用 Ameba 8195 AM/Ameba 8170 AF 開發板進行開發各種智慧家庭產品,主要是給讀者熟悉使用 Ameba 8195 AM/Ameba 8170 AF 開發板來開發物聯網之各樣產品之原型(ProtoTyping),進而介紹這些產品衍伸出來的技術、程式攢寫技巧,以漸進式的方法介紹、使用方式、電路連接範例等等。

　　Ameba 8195 AM/Ameba 8170 AF 開發板最強大的不只是它相容於 Arduino 開發板,而是它網路功能與簡單易學的模組函式庫,幾乎 Maker 想到應用於物聯網開發的東西,可以透過眾多的周邊模組,都可以輕易的將想要完成的東西用堆積木的方式快速建立,而且價格比原廠 Arduino Yun 或 Arduino + Wifi Shield 更具優勢,最強大的是這些周邊模組對應的函式庫,瑞昱科技有專職的研發人員不斷的支持,讓 Maker 不需要具有深厚的電子、電機與電路能力,就可以輕易駕御這些模組。

　　所以本書要介紹台灣、中國、歐美等市面上最常見的智慧家庭產品,使用逆向工程的技巧,推敲出這些產品開發的可行性技巧,並以實作方式重作這些產品,讓讀者可以輕鬆學會這些產品開發的可行性技巧,進而提升各位 Maker 的實力,希望筆者可以推出更多的入門書籍給更多想要進入『Ameba 8195 AM/Ameba 8170 AF 開發板』、『物聯網』這個未來大趨勢,所有才有這個物聯網系列的產生。

1
CHAPTER

控制 LED 燈泡

本書主要是教導讀者可以如何使用發光二極體來發光，進而使用全彩的發光二極體來產生各類的顏色，由維基百科[1]中得知：發光二極體（英語：Light-emitting diode，縮寫：LED）是一種能發光的半導體電子元件，透過三價與五價元素所組成的複合光源。此種電子元件早在 1962 年出現，早期只能夠發出低光度的紅光，被惠普買下專利後當作指示燈利用。及後發展出其他單色光的版本，時至今日，能夠發出的光已經遍及可見光、紅外線及紫外線，光度亦提高到相當高的程度。用途由初時的指示燈及顯示板等；隨著白光發光二極體的出現，近年逐漸發展至被普遍用作照明用途(維基百科, 2016)。

發光二極體只能夠往一個方向導通（通電），叫作順向偏壓，當電流流過時，電子與電洞在其內重合而發出單色光，這叫電致發光效應，而光線的波長、顏色跟其所採用的半導體物料種類與故意摻入的元素雜質有關。具有效率高、壽命長、不易破損、反應速度快、可靠性高等傳統光源不及的優點。白光 LED 的發光效率近年有所進步；每千流明成本，也因為大量的資金投入使價格下降，但成本仍遠高於其他的傳統照明。雖然如此，近年仍然越來越多被用在照明用途上(維基百科, 2016)。

讀者可以在市面上，非常容易取得發光二極體，價格、顏色應有盡有，可於一般電子材料行、電器行或網際網路上的網路商城、雅虎拍賣(https://tw.bid.yahoo.com/)、露天拍賣(http://www.ruten.com.tw/)、PChome 線上購物(http://shopping.pchome.com.tw/)、PCHOME 商店街(http://www.pcstore.com.tw/)...等等，購買到發光二極體。

---

[1] 維基百科由非營利組織維基媒體基金會運作，維基媒體基金會是在美國佛羅里達州登記的 501(c)(3)免稅、非營利、慈善機構(https://zh.wikipedia.org/)

發光二極體

如下圖所示，我們可以購買您喜歡的發光二極體，來當作第一次的實驗。

圖 1 發光二極體

如下圖所示，我們可以在維基百科中，找到發光二極體的組成元件圖(維基百科, 2016)。

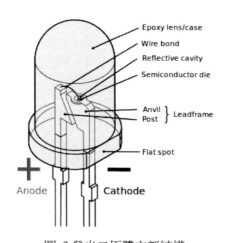

圖 2 發光二極體內部結構

資料來源:Wiki https://zh.wikipe-dia.org/wiki/%E7%99%BC%E5%85%89%E4%BA%8C%E6%A5%B5%E7%AE%A1(維基百科, 2016)

控制發光二極體發光

　　如下圖所示，這個實驗我們需要用到的實驗硬體有下圖.(a)的 Ameba RTL8195AM、下圖.(b) MicroUSB 下載線、下圖.(c)發光二極體、下圖.(d) 220 歐姆電阻、下圖.(e).LCD1602 液晶顯示器：

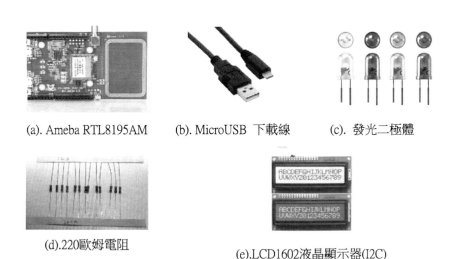

(a). Ameba RTL8195AM　　　(b). MicroUSB 下載線　　　(c). 發光二極體

(d).220歐姆電阻　　　　　　(e).LCD1602液晶顯示器(I2C)

圖 3 控制發光二極體發光所需材料表

　　讀者可以參考下圖所示之控制發光二極體發光連接電路圖，進行電路組立。

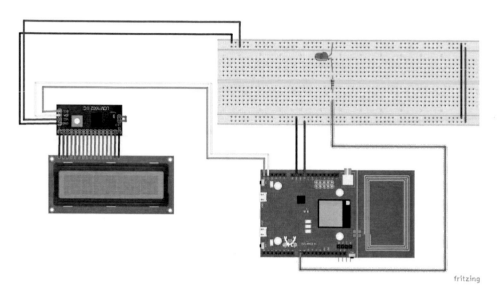

圖 4 控制發光二極體發光連接電路圖

讀者也可以參考下表之控制發光二極體發光接腳表，進行電路組立。

表 1 控制發光二極體發光接腳表

接腳	接腳說明	開發板接腳
1	麵包板 Vcc(紅線)	接電源正極(5V)
2	麵包板 GND(藍線)	接電源負極
3	220 歐姆電阻 A 端	開發板 digitalPin 8(D8)
4	220 歐姆電阻 B 端	Led 燈泡(正極端)
5	Led 燈泡(正極端)	220 歐姆電阻 B 端
6	Led 燈泡(負極端)	麵包板 GND(藍線)

接腳	接腳說明	接腳名稱
1	Ground (0V)	接電源正極(5V)
2	Supply voltage; 5V (4.7V － 5.3V)	接電源負極
3	SDA	開發板 SDA Pin

接腳	接腳說明	開發板接腳
4	SCL	開發板 SCL Pin21

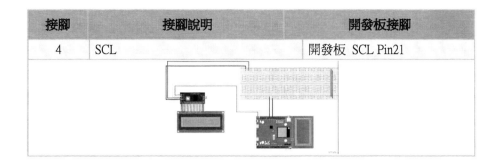

我們遵照前幾章所述，將 Ameba 開發板的驅動程式安裝好之後，我們打開
Ameba 開發板的開發工具：Sketch IDE 整合開發軟體(軟體下載請到：https://www.F
發光二極體測試程式。

控制發光二極體測試程式(DualLed_Light)

```
#define Blink_Led_Pin 8

// the setup function runs once when you press reset or power the board
void setup() {
  // initialize digital pin Blink_Led_Pin as an output.
  pinMode(Blink_Led_Pin, OUTPUT);      //定義 Blink_Led_Pin 為輸出腳位
}

// the loop function runs over and over again forever
void loop() {
  digitalWrite(Blink_Led_Pin, HIGH);    // 將腳位 Blink_Led_Pin 設定為高電
位  turn the LED on (HIGH is the voltage level)
  delay(1000);                 //休息 1 秒  wait for a second
  digitalWrite(Blink_Led_Pin, LOW);    // 將腳位 Blink_Led_Pin 設定為低電
位  turn the LED off by making the voltage LOW
  delay(1000);                 // 休息 1 秒  wait for a second
}
```

程式下載：https://github.com/brucetsao/eHUE_Bulb4

如下圖所示，我們可以看到控制發光二極體測試程式結果畫面。

圖 5 控制發光二極體測試程式結果畫面

章節小結

　　本章主要介紹之 Ameba 開發板使用與連接發光二極體，透過本章節的解說，相信讀者會對連接、使用發光二極體，並控制明滅，有更深入的了解與體認。

2
CHAPTER

控制雙色 LED 燈泡

上章節介紹控制發光二極體明滅，相信讀者應該可以駕輕就熟，本章介紹雙色發光二極體，雙色發光二極體用於許多產品開發者於產品狀態指示使用(曹永忠,許智誠, & 蔡英德, 2015c, 2015h, 2016a, 2016b)。

讀者可以在市面上，非常容易取得雙色發光二極體，價格、顏色應有盡有，可於一般電子材料行、電器行或網際網路上的網路商城、雅虎拍賣(https://tw.bid.yahoo.com/)、露天拍賣(http://www.ruten.com.tw/)、PChome 線上購物(http://shopping.pchome.com.tw/)、PCHOME 商店街(http://www.pcstore.com.tw/)...等等，購買到雙色發光二極體。

雙色發光二極體

如下圖所示，我們可以購買您喜歡的雙色發光二極體，來當作第一次的實驗。

圖 6 雙色發光二極體

如上圖所示，接腳跟一般發光二極體的組成元件圖(維基百科, 2016)類似，只是在製作上把兩個發光二極體做在一起，把共地或共陽的腳位整合成一隻腳位。

控制雙色發光二極體發光

　　如下圖所示，這個實驗我們需要用到的實驗硬體有下圖.(a)的 Ameba RTL8195AM、下圖.(b) MicroUSB 下載線、下圖.(c)雙色發光二極體、下圖.(d) 220 歐姆電阻、下圖.(e).LCD1602 液晶顯示器：

(a). Ameba RTL8195AM

(b). MicroUSB 下載線

(c). 雙色發光二極體

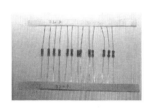

(d).220歐姆電阻

(e).LCD1602液晶顯示器(I2C)

圖 7 控制雙色發光二極體需材料表

　　讀者可以參考下圖所示之控制雙色發光二極體連接電路圖，進行電路組立。

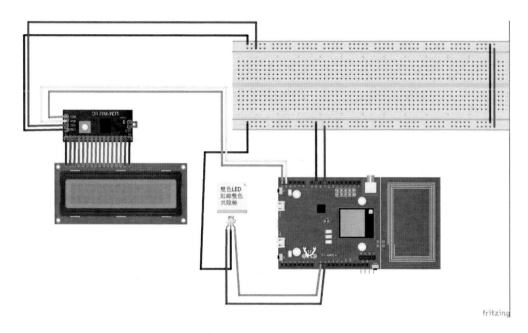

圖 8 控制雙色發光二極體發光連接電路圖

讀者也可以參考下表之控制雙色發光二極體接腳表，進行電路組立。

表 2 控制雙色發光二極體接腳表

接腳	接腳說明	開發板接腳
1	麵包板 Vcc(紅線)	接電源正極(5V)
2	麵包板 GND(藍線)	接電源負極
3	220 歐姆電阻 A 端(1 號)	開發板 digitalPin 8(D8)
3A	220 歐姆電阻 A 端(2 號)	開發板 digitalPin 8(D9)
4	220 歐姆電阻 B 端(1/2 號)	Led 燈泡(正極端)
5	Led 燈泡(G 端:綠色)	220 歐姆電阻 B 端(1 號)
5	Led 燈泡(R 端:紅色)	220 歐姆電阻 B 端(2 號)
6	Led 燈泡(負極端)	麵包板 GND(藍線)

接腳	接腳說明		開發板接腳
	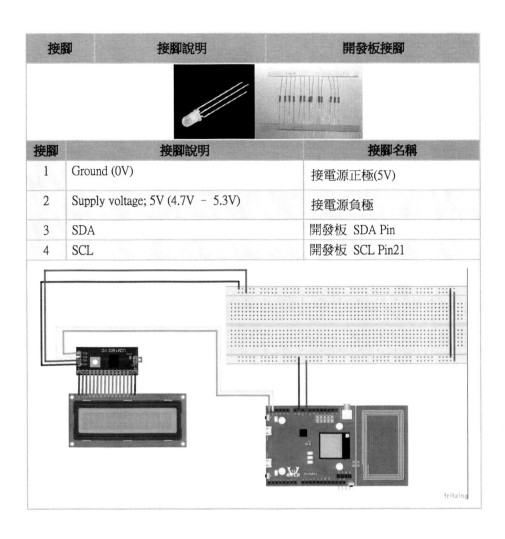		
接腳	接腳說明		接腳名稱
1	Ground (0V)		接電源正極(5V)
2	Supply voltage; 5V (4.7V – 5.3V)		接電源負極
3	SDA		開發板 SDA Pin
4	SCL		開發板 SCL Pin21

　　我們遵照前幾章所述，將 Ameba 開發板的驅動程式安裝好之後，我們打開 Ameba 開發板的開發工具：Sketch IDE 整合開發軟體(軟體下載請到：https://www.arduino.cc/en/Main/Software)(Realtek, 2016a, 2016b)，撰寫一段程式，如下表所示之控制雙色發光二極體測試程式，控制雙色發光二極體明滅測試。(曹永忠 et al., 2015c, 2015h; 曹永忠, 許智誠, et al., 2016a, 2016b)

表 3 控制雙色發光二極體測試程式

控制雙色發光二極體測試程式(DualLed_Light)
#define Led_Green_Pin 8

```
#define Led_Red_Pin 9
// the setup function runs once when you press reset or power the board
void setup() {
  // initialize digital pin Blink_Led_Pin as an output.
  pinMode(Led_Red_Pin, OUTPUT);        //定義 Led_Red_Pin 為輸出腳位
  pinMode(Led_Green_Pin, OUTPUT);       //定義 Led_Green_Pin 為輸出腳位
  digitalWrite(Led_Red_Pin,LOW) ;
  digitalWrite(Led_Green_Pin,LOW) ;
}

// the loop function runs over and over again forever
void loop() {
  digitalWrite(Led_Green_Pin, HIGH);
  delay(1000);                //休息 1 秒  wait for a second
  digitalWrite(Led_Green_Pin, LOW);
  delay(1000);                // 休息 1 秒  wait for a second
  digitalWrite(Led_Red_Pin, HIGH);
  delay(1000);                //休息 1 秒  wait for a second
  digitalWrite(Led_Red_Pin, LOW);
  delay(1000);                // 休息 1 秒  wait for a second
  digitalWrite(Led_Green_Pin, HIGH);
  digitalWrite(Led_Red_Pin, HIGH);
  delay(1000);                //休息 1 秒  wait for a second
  digitalWrite(Led_Green_Pin, LOW);
  digitalWrite(Led_Red_Pin, LOW);
  delay(1000);                // 休息 1 秒  wait for a second
}
```

程式下載： https://github.com/brucetsao/eHUE_Bulb4

讀者也可以在作者 YouTube 頻道(https://www.youtube.com/user/UltimaBruce)中，在網址 https://www.youtube.com/watch?v=TCVrlSwZIqI&feature=youtu.be ，看到本次實驗-控制雙色發光二極體測試程式結果畫面。

如下圖所示，我們可以看到控制雙色發光二極體測試程式結果畫面。

圖 9 控制雙色發光二極體測試程式結果畫面

章節小結

　　本章主要介紹之 Ameba 開發板使用與連接雙色發光二極體，透過本章節的解說，相信讀者會對連接、使用雙色發光二極體，並控制不同顏色明滅，有更深入的了解與體認。

CHAPTER

控制全彩 LED 燈泡

上章節介紹控制雙色發光二極體明滅(曹永忠 et al., 2015c, 2015h; 曹永忠, 許智誠, et al., 2016a, 2016b)，相信讀者應該可以駕輕就熟，本章介紹全彩發光二極體，在許多彩色字幕機中(曹永忠, 許智诚, & 蔡英德, 2014; 曹永忠, 許智誠, & 蔡英德, 2014a, 2014b, 2014c, 2014d, 2014e)，全彩發光二極體獨佔鰲頭，更有許多應用。

讀者可以在市面上，非常容易取得全彩發光二極體，價格、顏色應有盡有，可於一般電子材料行、電器行或網際網路上的網路商城、雅虎拍賣(https://tw.bid.yahoo.com/)、露天拍賣(http://www.ruten.com.tw/)、PChome 線上購物(http://shopping.pchome.com.tw/)、PCHOME 商店街(http://www.pcstore.com.tw/)...等等，購買到全彩發光二極體。

全彩二極體

如下圖所示，我們可以購買您喜歡的全彩發光二極體，來當作這次的實驗。

圖 10 全彩發光二極體

如下圖所示，一般全彩發光二極體有兩種，一種是共陽極，另一種是共陰極(一般俗稱共地)，只要將下圖(+)接在+5V 或下圖(-)接在 GND，用其他 R、G、B 三隻腳位分別控制紅色、綠色、藍色三種顏色的明滅，就可以產生彩色的顏色效果。

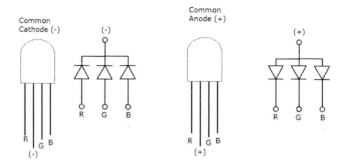

圖 11 全彩發光二極體腳位

控制全彩發光二極體發光

如下圖所示，這個實驗我們需要用到的實驗硬體有下圖.(a)的 Ameba
RTL8195AM、下圖.(b) MicroUSB 下載線、下圖.(c) 全彩發光二極體、下圖.(d) 220
歐姆電阻、下圖.(e).LCD1602 液晶顯示器：

(a). Ameba RTL8195AM　　(b). MicroUSB 下載線　　(c). 全彩發光二極體

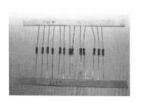

(d).220歐姆電阻　　　(e).LCD1602液晶顯示器

圖 12 控制全彩發光二極體所需材料表

讀者可以參考下圖所示之控制全彩發光二極體連接電路圖，進行電路組立。

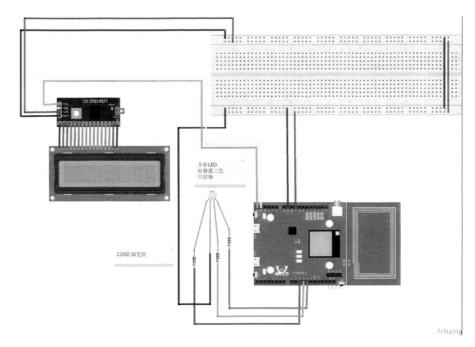

圖 13 控制全彩發光二極體連接電路圖

讀者也可以參考下表之控制全彩發光二極體接腳表，進行電路組立。

表 4 控制全彩發光二極體接腳表

接腳	接腳說明	開發板接腳
1	麵包板 Vcc(紅線)	接電源正極(5V)
2	麵包板 GND(藍線)	接電源負極
3	220 歐姆電阻 A 端(1 號)	開發板 digitalPin 10(D10)
3A	220 歐姆電阻 A 端(2 號)	開發板 digitalPin 11(D11)

接腳	接腳說明	開發板接腳
3B	220 歐姆電阻 A 端(3 號)	開發板 digitalPin 12(D12)
4	220 歐姆電阻 B 端(1/2/3 號)	Led 燈泡(正極端)
5	Led 燈泡(R 端:紅色)	220 歐姆電阻 B 端(1 號)
5	Led 燈泡 G 端:綠色)	220 歐姆電阻 B 端(2 號)
5	Led 燈泡(B 端:藍色)	220 歐姆電阻 B 端(3 號)
6	Led 燈泡(負極端)	麵包板 GND(藍線)

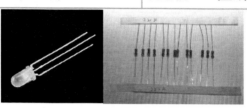

接腳	接腳說明	接腳名稱
1	Ground (0V)	接電源正極(5V)
2	Supply voltage; 5V (4.7V – 5.3V)	接電源負極
3	SDA	開發板 SDA Pin
4	SCL	開發板 SCL Pin21

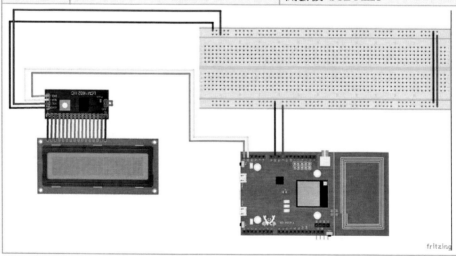

我們遵照前幾章所述，將 Ameba 開發板的驅動程式安裝好之後，我們打開 Ameba 開發板的開發工具：Sketch IDE 整合開發軟體(軟體下載請到： https://www.arduino.cc/en/Main/Software)(Realtek, 2016a, 2016b)，攥寫一段程式，如下表所示之控制全彩發光二極體測試程式，控制全彩發光二極體紅色、綠色、藍色明滅測試。(曹永忠 et al., 2015c, 2015h; 曹永忠, 許智誠, et al., 2016a, 2016b)

表 5 控制全彩發光二極體測試程式

```
控制全彩發光二極體測試程式(RGBLED_LIGHT)
#define Led_Red_Pin 10
#define Led_Green_Pin 11
#define Led_Blue_Pin 12
// the setup function runs once when you press reset or power the board
void setup() {
  // initialize digital pin Blink_Led_Pin as an output.
  pinMode(Led_Red_Pin, OUTPUT);       //定義 Led_Red_Pin 為輸出腳位
  pinMode(Led_Green_Pin, OUTPUT);      //定義 Led_Green_Pin 為輸出腳位
  pinMode(Led_Blue_Pin, OUTPUT);       //定義 Led_Green_Pin 為輸出腳位
  digitalWrite(Led_Red_Pin,LOW) ;
  digitalWrite(Led_Green_Pin,LOW) ;
  digitalWrite(Led_Blue_Pin,LOW) ;
}

// the loop function runs over and over again forever
void loop() {
  digitalWrite(Led_Red_Pin, HIGH);
  delay(1000);                 //休息 1 秒  wait for a second
  digitalWrite(Led_Red_Pin, LOW);
  delay(1000);                 // 休息 1 秒  wait for a second
  digitalWrite(Led_Green_Pin, HIGH);
  delay(1000);                 //休息 1 秒  wait for a second
  digitalWrite(Led_Green_Pin, LOW);
  delay(1000);                 // 休息 1 秒  wait for a second
  digitalWrite(Led_Blue_Pin, HIGH);
  delay(1000);                 //休息 1 秒  wait for a second
  digitalWrite(Led_Blue_Pin, LOW);
```

```
    delay(1000);                    // 休息 1 秒  wait for a second
    digitalWrite(Led_Red_Pin, HIGH);
    digitalWrite(Led_Green_Pin, HIGH);
    digitalWrite(Led_Blue_Pin, LOW);
    delay(1000);                    //休息 1 秒  wait for a second
    digitalWrite(Led_Red_Pin, HIGH);
    digitalWrite(Led_Green_Pin, LOW);
    digitalWrite(Led_Blue_Pin, HIGH);
    delay(1000);                    //休息 1 秒  wait for a second
    digitalWrite(Led_Red_Pin, LOW);
    digitalWrite(Led_Green_Pin, HIGH);
    digitalWrite(Led_Blue_Pin,HIGH );
    delay(1000);                    //休息 1 秒  wait for a second

// all color turn off
    digitalWrite(Led_Red_Pin, LOW);
    digitalWrite(Led_Green_Pin, LOW);
    digitalWrite(Led_Blue_Pin, LOW);
    delay(1000);                    //休息 1 秒  wait for a second

}
```

程式下載：https://github.com/brucetsao/eHUE_Bulb4

讀者也可以在作者 YouTube 頻道(https://www.youtube.com/user/UltimaBruce)中，
在網址 https://www.youtube.com/watch?v=4H5nZ75OhC4&feature=youtu.be ，看到本
次實驗-控制全彩發光二極體測試程式結果畫面。

如下圖所示，我們可以看到控制全彩發光二極體測試程式結果畫面。

圖 14 控制控制全彩發光二極體測試程式結果畫面

章節小結

　　本章主要介紹之 Ameba 開發板使用與連接全彩發光二極體，透過本章節的解說，相信讀者會對連接、使用全彩發光二極體，並控制不同顏色明滅，有更深入的了解與體認。

CHAPTER

全彩 LED 燈泡混色原理

上章節介紹控制全彩發光二極體，使用數位輸出方式來控制全彩發光二極體，可以說是兩階段輸出，要就全亮，要就全滅，其實一般說來，發光二極體可以控制其亮度，透過亮度控制，可以達到該顏色深淺，透過 RGB(紅色、綠色、藍色)的各種顏色色階的混色原理，可以造出許多顏色，透過人類眼睛視覺，可以感覺各種顏色產生。

讀者可以在市面上，非常容易取得全彩發光二極體，價格、顏色應有盡有，可於一般電子材料行、電器行或網際網路上的網路商城、雅虎拍賣(https://tw.bid.yahoo.com/)、露天拍賣(http://www.ruten.com.tw/)、PChome 線上購物(http://shopping.pchome.com.tw/)、PCHOME 商店街(http://www.pcstore.com.tw/)...等等，購買到全彩發光二極體。

本章節要介紹讀者，透過 IDE 整合開發環境的序列埠監控視窗(曹永忠, 許智誠, & 蔡英德, 2015a, 2015b; 曹永忠 et al., 2015c; 曹永忠, 許智誠, & 蔡英德, 2015d, 2015e, 2015f, 2015g; 曹永忠 et al., 2015h; 曹永忠, 許智誠, et al., 2016a, 2016b)，透過序列埠輸入，將 RGB(紅色、綠色、藍色)三個顏色的代碼輸入，透過解碼來還原 RGB(紅色、綠色、藍色)三個顏色值，進而填入全彩發光二極體的發光顏色電壓，來控制顏色。

全彩二極體

如下圖所示，我們可以購買您喜歡的全彩發光二極體，來當作這次的實驗。

圖 15 全彩發光二極體

如下圖所示，一般全彩發光二極體有兩種，一種是共陽極，另一種是共陰極(一般俗稱共地)，只要將下圖(+)接在+5V 或下圖(-)接在 GND，用其他 R、G、B 三隻腳位分別控制紅色、綠色、藍色三種顏色的明滅，就可以產生彩色的顏色效果。

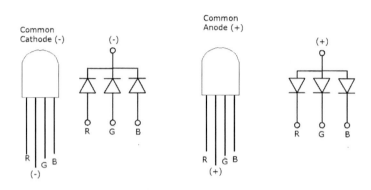

圖 16 全彩發光二極體腳位

混色控制全彩發光二極體發光

如下圖所示，這個實驗我們需要用到的實驗硬體有下圖.(a)的 Ameba RTL8195AM、下圖.(b) MicroUSB 下載線、下圖.(c) 全彩發光二極體、下圖.(d) 220 歐姆電阻、下圖.(e).LCD1602 液晶顯示器：

(a). Ameba RTL8195AM　　(b). MicroUSB 下載線　　(c). 全彩發光二極體

(e).LCD1602液晶顯示器

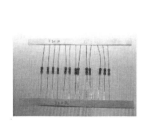

(d).220歐姆電阻　　　　　　　　　(I2C)

圖 17 控制全彩發光二極體所需材料表

讀者可以參考下圖所示之控制全彩發光二極體連接電路圖，進行電路組立。

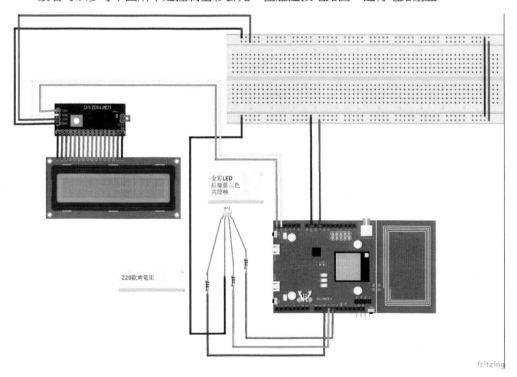

圖 18 控制全彩發光二極體連接電路圖

讀者也可以參考下表之控制全彩發光二極體接腳表，進行電路組立。

表 6 控制全彩發光二極體接腳表

接腳	接腳說明	開發板接腳
1	麵包板 Vcc(紅線)	接電源正極(5V)
2	麵包板 GND(藍線)	接電源負極
3	220 歐姆電阻 A 端(1 號)	開發板 digitalPin 10(D10)
3A	220 歐姆電阻 A 端(2 號)	開發板 digitalPin 11(D11)
3B	220 歐姆電阻 A 端(3 號)	開發板 digitalPin 12(D12)
4	220 歐姆電阻 B 端(1/2/3 號)	Led 燈泡(正極端)
5	Led 燈泡(R 端:紅色)	220 歐姆電阻 B 端(1 號)
5	Led 燈泡 G 端:綠色)	220 歐姆電阻 B 端(2 號)
5	Led 燈泡(B 端:藍色)	220 歐姆電阻 B 端(3 號)
6	Led 燈泡(負極端)	麵包板 GND(藍線)

 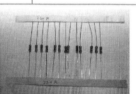

接腳	接腳說明	接腳名稱
1	Ground (0V)	接電源正極(5V)
2	Supply voltage; 5V (4.7V － 5.3V)	接電源負極
3	SDA	開發板 SDA Pin
4	SCL	開發板 SCL Pin21

接腳	接腳說明	開發板接腳

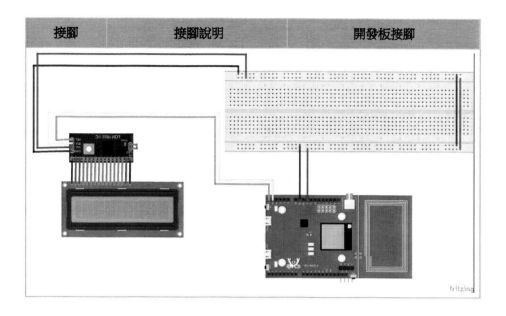

我們遵照前幾章所述，將 Ameba 開發板的驅動程式安裝好之後，我們打開 Ameba 開發板的開發工具：Sketch IDE 整合開發軟體(軟體下載請到：https://www.arduino.cc/en/Main/Software)(Realtek, 2016a, 2016b)，攢寫一段程式，如下表所示之控制全彩發光二極體測試程式，控制全彩發光二極體紅色、綠色、藍色明滅測試。(曹永忠 et al., 2015c, 2015h; 曹永忠, 許智誠, et al., 2016a, 2016b)

表 7 混色控制全彩發光二極體測試程式

```
混色控制全彩發光二極體測試程式(ControlRGBLed)

#include <String.h>
#define Led_Red_Pin 10    //Red Light of RGB Led
#define Led_Green_Pin 11     //Green Light of RGB Led
#define Led_Blue_Pin 12     //Blue Light of RGB Led
byte RedValue = 0, GreenValue = 0, BlueValue = 0;
String ReadStr = "        " ;
void setup() {
    // put your setup code here, to run once:
    pinMode(Led_Red_Pin, OUTPUT) ;
    pinMode(Led_Green_Pin, OUTPUT) ;
    pinMode(Led_Blue_Pin, OUTPUT) ;
    analogWrite(Led_Red_Pin,0) ;
    analogWrite(Led_Green_Pin,0) ;
```

```
    analogWrite(Led_Blue_Pin,0) ;

  Serial.begin(9600) ;
  Serial.println("Program Start Here") ;
}


void loop() {
  // put your main code here, to run repeatedly:
  if (Serial.available() >0)
  {
    ReadStr = Serial.readStringUntil(0x23) ;
    //   Serial.read() ;
      Serial.print("ReadString is :(") ;
      Serial.print(ReadStr) ;
      Serial.print(")\n") ;
        if (DecodeString(ReadStr,&RedValue,&GreenValue,&BlueValue) )
            {
              Serial.println("Change RGB Led Color") ;
              analogWrite(Led_Red_Pin , RedValue)   ;
              analogWrite(Led_Green_Pin , GreenValue)   ;
              analogWrite(Led_Blue_Pin , BlueValue)   ;
            }
  }



}

boolean DecodeString(String INPStr, byte *r, byte *g , byte *b)
{
                        Serial.print("check sgtring:(") ;
                        Serial.print(INPStr) ;
                                Serial.print(")\n") ;

        int i = 0 ;
        int strsize = INPStr.length();
        for(i = 0 ; i <strsize ;i++)
                {
                        Serial.print(i) ;
                        Serial.print(":(") ;
```

```
                    Serial.print(INPStr.substring(i,i+1)) ;
                Serial.print(")\n") ;

            if (INPStr.substring(i,i+1) == "@")
                {
                Serial.print("find @ at :(") ;
                Serial.print(i) ;
                    Serial.print("/") ;
                        Serial.print(strsize-i-1) ;
                    Serial.print("/") ;
                        Serial.print(INPStr.substring(i+1,strsize)) ;
                Serial.print(")\n") ;
                *r = byte(INPStr.substring(i+1,i+1+3).toInt()) ;
                *g = byte(INPStr.substring(i+1+3,i+1+3+3).toInt() ) ;
                *b = byte(INPStr.sub-
string(i+1+3+3,i+1+3+3+3).toInt() ) ;
                    Serial.print("convert into :(") ;
                Serial.print(*r) ;
                    Serial.print("/") ;
                Serial.print(*g) ;
                    Serial.print("/") ;
                Serial.print(*b) ;
                    Serial.print(")\n") ;

                return true ;
                }
            }
    return false ;

}
```

如下圖所示，我們可以看到混色控制全彩發光二極體測試程式結果畫面。

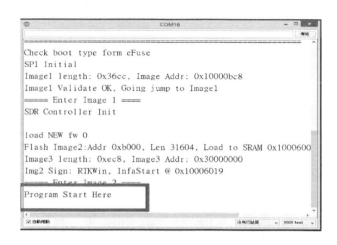

圖 19 混色控制控制全彩發光二極體測試程式結果畫面

　　由於透過序列埠輸入，將 RGB(紅色、綠色、藍色)三個顏色的代碼輸入，透過解碼來還原 RGB(紅色、綠色、藍色)三個顏色值，進而填入全彩發光二極體的發光顏色電壓，來控制顏色。

　　所以我們使用了『@』這個指令，來當作所有的資料開頭，接下來就是第一個紅色燈光的值，其紅色燈光的值使用『000』~『255』來當作紅色顏色的顏色值，『000』代表紅色燈光全滅，『255』代表紅色燈光全亮，中間的值則為線性明暗之間為主。

　　接下來就是第二個綠色燈光的值，其綠色燈光的值使用『000』~『255』來當作綠色顏色的顏色值，『000』代表綠色燈光全滅，『255』代表綠色燈光全亮，中間的值則為線性明暗之間為主。

　　最後一個藍色燈光的值，其藍色燈光的值使用『000』~『255』來當作藍色顏色的顏色值，『000』代表藍色燈光全滅，『255』代表藍色燈光全亮，中間的值則為線性明暗之間為主。

　　在所有顏色資料傳送完畢之後，所以我們使用了『#』這個指令，來當作所有的資料的結束，如下圖所示，我們輸入：

@255000000#

如下圖所示，程式就會進行解譯為：R=255，G=000，B=000：

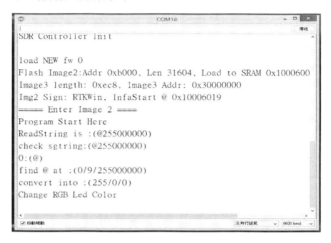

圖 20 @255000000#結果畫面

如下圖所示，我們可以看到混色控制全彩發光二極體測試程式結果畫面。

圖 21 @255000000#燈泡顯示

第二次測試

如下圖所示，我們輸入:

@000255000#

如下圖所示，程式就會進行解譯為：R=000，G=255，B=000：

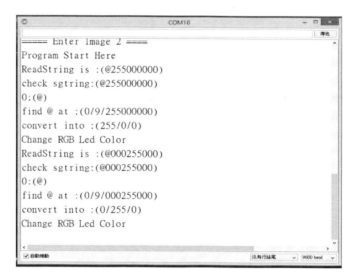

圖 22 @000255000#結果畫面

如下圖所示，我們可以看到混色控制全彩發光二極體測試程式結果畫面。

圖 23 @000255000#燈泡顯示

第三次測試

如下圖所示，我們輸入

@000000255#

如下圖所示，程式就會進行解譯為：R=000，G=000，B=255：

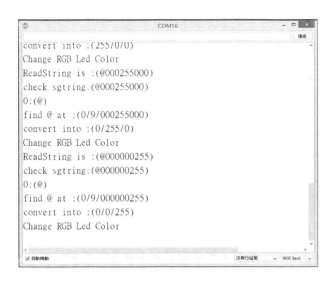

```
convert into :(255/0/0)
Change RGB Led Color
ReadString is :(@000255000)
check sgtring:(@000255000)
0:(@)
find @ at :(0/9/000255000)
convert into :(0/255/0)
Change RGB Led Color
ReadString is :(@000000255)
check sgtring:(@000000255)
0:(@)
find @ at :(0/9/000000255)
convert into :(0/0/255)
Change RGB Led Color
```

圖 24 @000000255#結果畫面

如下圖所示，我們可以看到混色控制全彩發光二極體測試程式結果畫面。

圖 25 @000000255#燈泡顯示

第四次測試(錯誤值)

如下圖所示，我們輸入

128128000#

如下圖所示，我們希望程式就會進行解譯為：R=128，G=128，B=000：

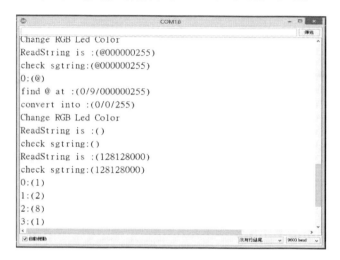

圖 26 128128000#結果畫面

但是在上圖所示，我們可以看到缺乏使用了『@』這個指令來當作所有的資料開頭值，所以無法判別那個值，而無法解譯成功，該 DecodeString(String INPStr, byte *r, byte *g , byte *b)傳回 FALSE，而不進行改變顏色。

第五次測試

如下圖所示，我們輸入

@128128000#

如下圖所示，程式就會進行解譯為：R=128，G=128，B=000：

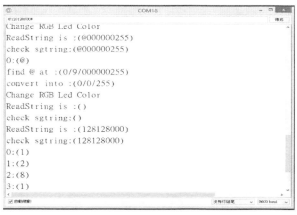

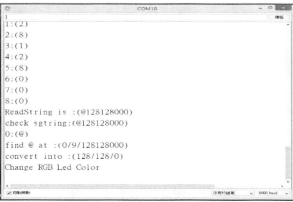

圖 27 @128128000#結果畫面

如下圖所示，我們可以看到混色控制全彩發光二極體測試程式結果畫面。

圖 28 @128128000#燈泡顯示

第六次測試

如下圖所示，我們輸入

@128000128#

如下圖所示，程式就會進行解譯為：R=128，G=000，B=128：

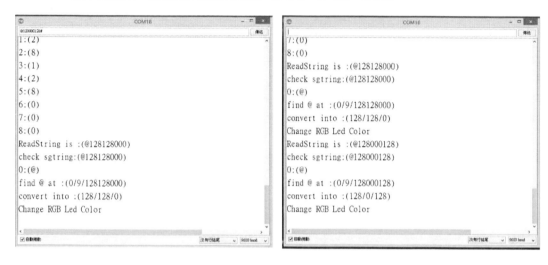

圖 29 @128000128#結果畫面

如下圖所示，我們可以看到混色控制全彩發光二極體測試程式結果畫面。

圖 30 @128000128#燈泡顯示

第七次測試

如下圖所示，我們輸入

@000255255#

如下圖所示，程式就會進行解譯為：R=000，G=255，B=255：

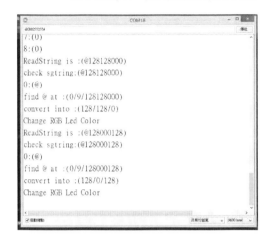

圖 31 @000255255#結果畫面

如下圖所示，我們可以看到混色控制全彩發光二極體測試程式結果畫面。

圖 32 @000255255#燈泡顯示

章節小結

　　本章主要介紹之 Ameba 開發板使用與連接全彩發光二極體，透過外部輸入 RGB 三原色代碼，來控制 RGB 三原色混色，產生想要的顏色，透過本章節的解說，相信讀者會對連接、使用全彩發光二極體，並透過外部輸入 RGB 三原色代碼，來控制 RGB 三原色混色，產生想要的顏色，有更深入的了解與體認。

5

CHAPTER

控制 WS2812 燈泡模組

WS2812B 全彩燈泡模組是一個整合控制電路與發光電路于一體的智慧控制 LED 光源。其外型與一個 5050LED 燈泡相同，每一個元件即為一個圖像點，部包含了智慧型介面資料鎖存信號整形放大驅動電路，還包含有高精度的內部振盪器和高達 12V 高壓可程式設計定電流控制部分，有效保證了圖像點光的顏色高度一致。

資料協定採用單線串列的通訊方式，圖像點在通電重置以後，DIN 端接受從微處理機傳輸過來的資料，首先送過來的 24bit 資料被第一個圖像點提取後，送到圖像點內部的資料鎖存器，剩餘的資料經過內部整形處理電路整形放大後通過 DO 埠開始轉發輸出給下一個串聯的圖像點，每經過一個圖像點的傳輸，信號減少 24bit 的資料。圖像點採用自動整形轉發技術，使得該圖像點的級聯個數不受信號傳送的限制，僅僅受限信號傳輸速率要求。

其 LED 具有低電壓驅動，環保節能，亮度高，散射角度大，一致性好，超低功率，超長壽命等優點。將控制電路整合於 LED 上面，電路變得更加簡單，體積小，安裝更加簡便。

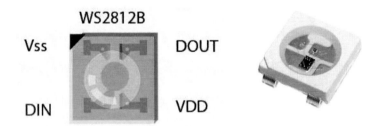

圖 33 WS2812B 全彩燈泡模組

WS2812B 全彩燈泡模組特點

- 智慧型反接保護，電源反接不會損壞 IC。
- IC 控制電路與 LED 點光源共用一個電源。
- 控制電路與 RGB 晶片整合在一個 5050 封裝的元件中，構成一個完整的外控圖像點。
- 內部具有信號整形電路，任何一個圖像點收到信號後經過波形整形再輸出，保證線路波形的變形不會累加。
- 內部具有通電重置和掉電重置電路。
- 每個圖像點的三原色顏色具有 256 階層亮度顯示，可達到 16777216 種顏色的全彩顯示，掃描頻率不低於 400Hz/s。
- 串列介面，能通過一條訊號線完成資料的接收與解碼。
- 任意兩點傳傳輸距離在不超過 5 米時無需增加任何電路。
- 當更新速率 30 幅/秒時，可串聯數不小於 1024 個。
- 資料發送速度可達 800Kbps。
- 光的顏色高度一致，C/P 值高。

主要應用領域

- LED 全彩發光字燈串,LED 全彩模組， LED 全彩軟燈條硬燈條,LED 護欄管
- LED 點光源,LED 圖元屏,LED 異形屏，各種電子產品，電器設備跑馬燈。

串列傳輸

串列埠資料會轉換成連續的資料位元，然後依序由通訊埠送出，接收端收集這些資料後再合成為原來的位元組；串列傳輸大多為非同步，故收發雙方的傳輸速率需協定好，一般為 9600、14400、57600bps（bits per second）等。

串列資料傳輸裡，有單工及雙工之分，單工就是一條線只能有 一種用途，例如輸出線就只能將資料傳出、輸入線就只能將資料傳入。 而雙工就是在同一條線上，可傳入資料，也可傳出資料。WS2812B 全彩燈泡模組 屬於單工的串列傳輸，如下圖所示，由單一方向進入，再由輸入轉至下一顆。

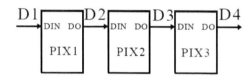

圖 34 串列傳輸_連接方法

WS2812B 全彩燈泡模組

如下圖所示，我們可以購買您喜歡的 WS2812B 全彩燈泡模組，來當作這次的實驗。

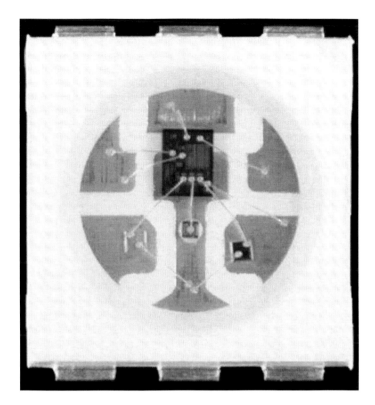

圖 35 WS2812B 全彩燈泡模組

　　如下圖所示，WS2812B 全彩燈泡模組只需要三條線就可以驅動，其中兩條是電源，只要將下圖(5V)接在+5V 與下圖(GND)接在 GND，微處理機只要將控制訊號接在下圖之 Data In(DI)，就可以開始控制了。

圖 36 WS2812B 全彩燈泡模組腳位

表 8 WS2812B 全彩燈泡模組腳位表

序號	符號	管腳名	功 能 描 述
1	VDD	電源	供電管腳
2	DOUT	資料輸出	控制資料信號輸出
3	VSS	接地	信號接地和電源接地
4	DIN	資料登錄	控制資料信號輸入

　　如上圖所示，如果您需要多顆的 WS2812B 全彩燈泡模組共用，您不需要每一顆 WS2812B 全彩燈泡模組都連接到微處理機，只需要四條線就可以驅動，其中兩條是電源，只要將下圖(5V)接在+5V 與下圖(GND)接在 GND，微處理機只要將控制訊號接在下圖之 Data In(DI)，第一顆的之 Data Out(DO)連到第二顆的 WS2812B 全彩燈泡模組的 Data In(DI)，就可以開始使用串列控制了。

　　如下圖所示，此時每一顆 WS2812B 全彩燈泡的電源，採用並列方式，所有的 5V 腳位接在+5V，GND 腳位接在 GND，所有控制訊號，第一顆 WS2812B 全彩燈的 Data In(DI)接在微處理機的控制訊號腳位，而第一顆的 Data Out(DO)連到第二顆的 WS2812B 全彩燈泡模組的 Data In(DI)，第二顆的 Data Out(DO)連到第三顆的 WS2812B 全彩燈泡模組的 Data In(DI)，以此類推就可以了。

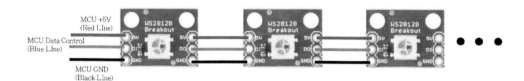

圖 37 WS2812B 全彩燈泡模組串聯示意圖

控制 WS2812B 全彩燈泡模組

如下圖所示，這個實驗我們需要用到的實驗硬體有下圖.(a)的 Ameba 8710 AF、下圖.(b) Micro USB 下載線、下圖.(c) WS2812B 全彩燈泡模組：

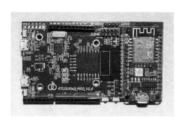

(a). Ameba 8710 AF

(b). MicroUSB 下載線

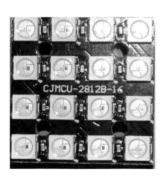

(c). WS2812B全彩燈泡模組

圖 38 控制 WS2812B 全彩燈泡模組所需材料表

讀者可以參考下圖所示之控制 WS2812B 全彩燈泡模組連接電路圖，進行電路組立。

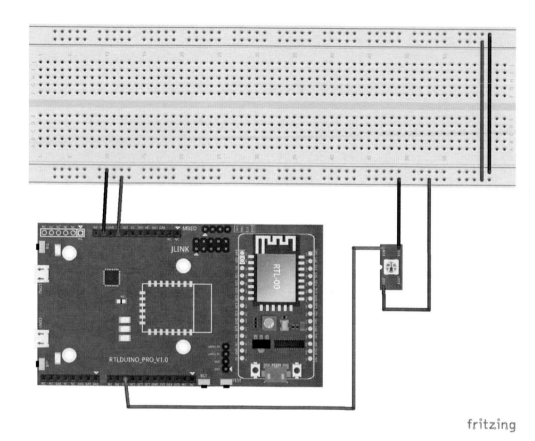

圖 39 控制 WS2812B 全彩燈泡模組連接電路圖

讀者也可以參考下表之 WS2812B 全彩燈泡模組接腳表，進行電路組立。

表 9 控制 WS2812B 全彩燈泡模組接腳表

接腳	接腳說明	開發板接腳
1	麵包板 Vcc(紅線)	接電源正極(5V)
2	麵包板 GND(藍線)	接電源負極
3	Data In(DI)	開發板 GC0(D10)

接腳	接腳說明	開發板接腳

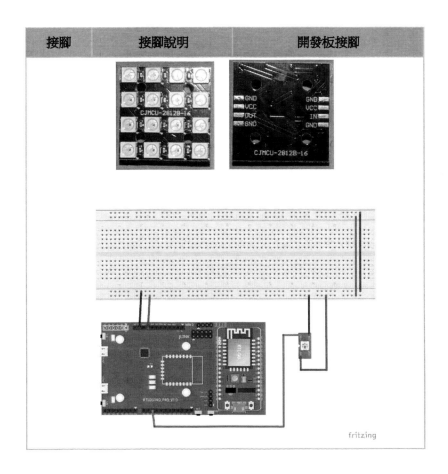

我們遵照前幾章所述，將 Arduino 開發板的驅動程式安裝好之後(Realtek, 2016a, 2016b)，我們打開 Arduino 開發工具：Sketch IDE 整合開發軟體(軟體下載請到：https://www.arduino.cc/en/Main/Software)(Realtek, 2016a, 2016b)，攥寫一段程式，如下表所示之 WS2812B 全彩燈泡模組測試程式，控制 WS2812B 全彩燈泡模組紅色、綠色、藍色明滅測試。(曹永忠, 吳佳駿, 許智誠, & 蔡英德, 2016a, 2016b, 2016c, 2016d, 2017a, 2017b, 2017c, 2017d, 2017e; 曹永忠 et al., 2015c, 2015h; 曹永忠, 許智誠, et al., 2016a, 2016b; 曹永忠, 郭晉魁, 吳佳駿, 許智誠, & 蔡英德, 2017)

表 10 WS2812B 全彩燈泡模組測試程式

WS2812B 全彩燈泡模組測試程式(Ameba_WS2812b_random)
#include "ws2812b.h"
#define DIGITALPINNUMBER   10

```
#define NUM_LEDS    16


ws2812b ledstrip = ws2812b(DIGITALPINNUMBER , NUM_LEDS);

void setup() {
  randomSeed(millis());

  Serial.begin(9600);
  Serial.println("ws2812b test");

}


void loop() {
      int r=0,g=0,b=0 ;
      ledstrip.begin();
      r = (int)random(0,255) ;
      g = (int)random(0,255) ;
      b = (int)random(0,255) ;

  for(int i = 0 ; i < NUM_LEDS ; i++)
    {
         ledstrip.setPixelColor(i,r,g,b);
    }
    ledstrip.show();
  delay(1000);
}
```

程式下載：https://github.com/brucetsao/eHUE_Bulb4

如下圖所示，我們可以看到 WS2812B 全彩燈泡模組測試程式結果畫面。

(a).組立好的電路

(b).呈現結果一

(c).呈現結果二

圖 40　WS2812B 全彩燈泡模組測試程式程式結果畫面

混色控制 WS2812B 全彩燈泡模組

　　如下圖所示，這個實驗我們需要用到的實驗硬體有下圖.(a)的 Ameba 8710 AF、

下圖.(b) Micro USB　下載線、下圖.(c) WS2812B 全彩燈泡模組：

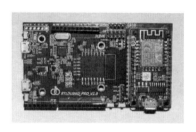

(a). Ameba 8710 AF　　　　　　　　(b). MicroUSB　下載線

(c). WS2812B全彩燈泡模組

圖 41 控制 WS2812B 全彩燈泡模組所需材料表

　　讀者可以參考下圖所示之控制 WS2812B 全彩燈泡模組連接電路圖，進行電路

組立。

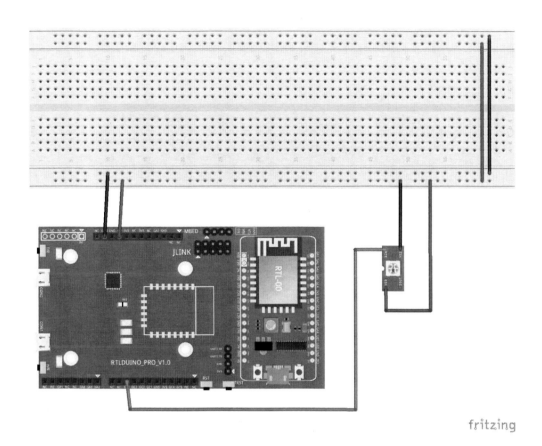

圖 42 控制 WS2812B 全彩燈泡模組連接電路圖

讀者也可以參考下表之 WS2812B 全彩燈泡模組接腳表，進行電路組立。

表 11 控制 WS2812B 全彩燈泡模組接腳表

接腳	接腳說明	開發板接腳
1	麵包板 Vcc(紅線)	接電源正極(5V)
2	麵包板 GND(藍線)	接電源負極
3	Data In(DI)	開發板 GC0(D10)

接腳	接腳說明	開發板接腳

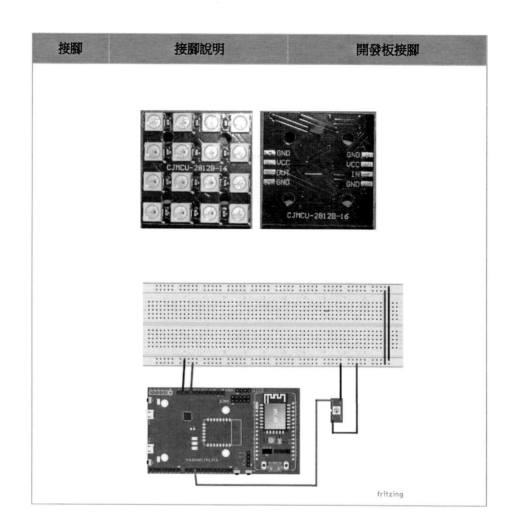

我們遵照前幾章所述，將 Arduino 開發板的驅動程式安裝好之後(Realtek, 2016a, 2016b)，我們打開 Arduino 開發工具：Sketch IDE 整合開發軟體(軟體下載請到：https://www.arduino.cc/en/Main/Software)(Realtek, 2016a, 2016b)，攥寫一段程式，如下表所示之透過通訊埠控制 WS2812B 全彩燈泡程式。

我們可以透過 WIFI 的 TCP/IP Socket 通訊方式來傳輸控制命令，進行控制 WS2812B 全彩燈泡模組發出紅色、綠色、藍色明滅測試。(曹永忠, 吳佳駿, et al., 2016a, 2016b, 2016c, 2016d, 2017a, 2017b, 2017c; 曹永忠 et al., 2015c, 2015h; 曹永忠, 許智誠, et al., 2016a, 2016b; 曹永忠, 郭晉魁, et al., 2017)

表 12 透過通訊埠控制 WS2812B 全彩燈泡程式

透過通訊埠控制 WS2812B 全彩燈泡程式(Ameba_CMDControlRGBLed)

```
#include "Pinset.h"

#include "ws2812b.h"

ws2812b ledstrip = ws2812b(DIGITALPINNUMBER , NUM_LEDS);

byte RedValue = 0, GreenValue = 0, BlueValue = 0;
String ReadStr = "" ;
int delayval = 500; // delay for half a second

 char c ;
  int count = 0 ;
  boolean readok = false ;
  unsigned long strtime ;


void setup() {
  Serial.begin(9600) ;
   ledstrip.begin(); // This initializes the NeoPixel library.
   DebugMsgln("Program Start Here") ;

        DebugMsgln("init LED") ;
      ChangeBulbColor(RedValue,GreenValue,BlueValue) ;
      DebugMsgln("Turn off LED") ;
      if (TestLed ==    1)
         {
              CheckLed() ;
                DebugMsgln("Check LED") ;
                ChangeBulbColor(RedValue,GreenValue,BlueValue) ;
                DebugMsgln("Turn off LED") ;
         }




      delay(initDelayTime) ;      //wait 2 seconds
```

```
}


void loop() {

  if (Serial.available() >0)
  {
    ReadStr = Serial.readStringUntil(0x23) ;        // read char @
     //  Serial.read() ;
      Serial.print("ReadString is :(") ;
       Serial.print(ReadStr) ;
       Serial.print(")\n") ;
        if (DecodeString(ReadStr,&RedValue,&GreenValue,&BlueValue) )
            {
              Serial.println("Change RGB Led Color") ;
              ChangeBulbColor(RedValue,GreenValue,BlueValue) ;
            }
  }


}
void ChangeBulbColor(int r,int g,int b)
{
      // For a set of NeoPixels the first NeoPixel is 0, second is 1, all the way up to the
count of pixels minus one.
    for(int i=0;i<NUM_LEDS;i++)
    {
        // pixels.Color takes RGB values, from 0,0,0 up to 255,255,255
        ledstrip.setPixelColor(i,r,g,b);
        //pixels.setPixelColor(i, pixels.Color(r,g,b)); // Moderately bright green color.
       // delay(delayval); // Delay for a period of time (in milliseconds).
    }

        ledstrip.show(); // This sends the updated pixel color to the hardware.


}

boolean DecodeString(String INPStr, byte *r, byte *g , byte *b)
{
                    Serial.print("check string:(") ;
```

```
                    Serial.print(INPStr) ;
                        Serial.print(")\n") ;

        int i = 0 ;
        int strsize = INPStr.length();

                    *r = byte(INPStr.substring(i,i+3).toInt()) ;
                    *g = byte(INPStr.substring(i+3,i+3+3).toInt() ) ;
                    *b = byte(INPStr.substring(i+3+3,i+3+3+3).toInt() ) ;
                     Serial.print("convert into :(") ;
                      Serial.print(*r) ;
                        Serial.print("/") ;
                      Serial.print(*g) ;
                        Serial.print("/") ;
                      Serial.print(*b) ;
                        Serial.print(")\n") ;
                      return true ;


}
void CheckLed()
{
        for(int i = 0 ; i <16; i++)
            {
                    ChangeBulb-
Color(CheckColor[i][0],CheckColor[i][1],CheckColor[i][2]) ;
                    delay(CheckColorDelayTime) ;
                }
}
void DebugMsg(String msg)
{
        if (_Debug != 0)
            {
                 Serial.print(msg) ;
            }

}
void DebugMsgln(String msg)
{
        if (_Debug != 0)
```

```
        {
            Serial.println(msg) ;
        }


}
```

程式下載： https://github.com/brucetsao/eHUE_Bulb4

表 13 透過通訊埠控制 WS2812B 全彩燈泡程式(Pinset.h)

透過通訊埠控制 WS2812B 全彩燈泡程式(Pinset.h)

```
// Which pin on the Arduino is connected to the NeoPixels?


#define DIGITALPINNUMBER    10
#define NUM_LEDS    16


// How many NeoPixels are attached to the Arduino?


#define MaxReceiveWaitTime 5000
#define _Debug 1
#define TestLed 1
#include <String.h>
#define CheckColorDelayTime 500
#define initDelayTime 2000
#define CommandDelay 100
int CheckColor[][3] = {
                        {255 , 255,255} ,
                        {255 , 0,0} ,
                        {0 , 255,0} ,
                        {0 , 0,255} ,
                        {255 , 128,64} ,
                        {255 , 255,0} ,
                        {0 , 255,255} ,
                        {255 , 0,255} ,
                        {255 , 255,255} ,
                        {255 , 128,0} ,
                        {255 , 128,128} ,
                        {128 , 255,255} ,
```

```
                    {128 , 128,192} ,
                    {0 , 128,255} ,
                    {255 , 0,128} ,
                    {128 , 64,64} ,
                    {0 , 0,0} } ;
```

程式下載：https://github.com/brucetsao/eHUE_Bulb4

如下圖所示，我們可以看到透過通訊埠控制 WS2812B 全彩燈泡程式開始畫面。

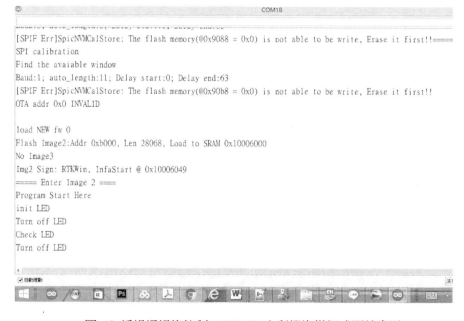

圖 43 透過通訊埠控制 WS2812B 全彩燈泡模組式開始畫面

命令控制測試

由於透過序列埠輸入，將 RGB(紅色、綠色、藍色)三個顏色的代碼輸入，透過解碼來還原 RGB(紅色、綠色、藍色)三個顏色值，進而填入 WS2812B 全彩燈泡模組的發光顏色電壓，來控制顏色。

所以我們使用了『@』這個指令，來當作所有的資料開頭，接下來就是第一個紅色燈光的值，其紅色燈光的值使用『000』~『255』來當作紅色顏色的顏色值，『000』代表紅色燈光全滅，『255』代表紅色燈光全亮，中間的值則為線性明暗之間為主。

接下來就是第二個綠色燈光的值，其綠色燈光的值使用『000』~『255』來當作綠色顏色的顏色值，『000』代表綠色燈光全滅，『255』代表綠色燈光全亮，中間的值則為線性明暗之間為主。

最後一個藍色燈光的值，其藍色燈光的值使用『000』~『255』來當作藍色顏色的顏色值，『000』代表藍色燈光全滅，『255』代表藍色燈光全亮，中間的值則為線性明暗之間為主。

在所有顏色資料傳送完畢之後，所以我們使用了『#』這個指令，來當作所有的資料的結束，如下圖所示，我們輸入

```
@255000000#
```

如下圖所示，程式就會進行解譯為：R=255，G=000，B=000：

```
load NEW fw 0
Flash Image2:Addr 0xb000, Len 28420, Load to SRAM 0x10006000
No Image3
Img2 Sign: RTKWin, InfaStart @ 0x10006049
===== Enter Image 2 =====
Program Start Here
init LED
Turn off LED
Check LED
Turn off LED
ReadString is :(@255000000)
check sgtring:(@255000000)
0:(@)
find @ at :(0/9/255000000)
convert into :(255/0/0)
Change RGB Led Color
```

圖 44 @255000000#結果畫面

如下圖所示，我們可以看到混色控制 WS2812B 全彩燈泡模組測試程式結果畫面。

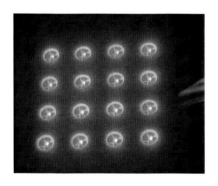

圖 45 @255000000#燈泡顯示

第二次測試

如下圖所示，我們輸入

@000255000#

如下圖所示，程式就會進行解譯為：R=000，G=255，B=000：

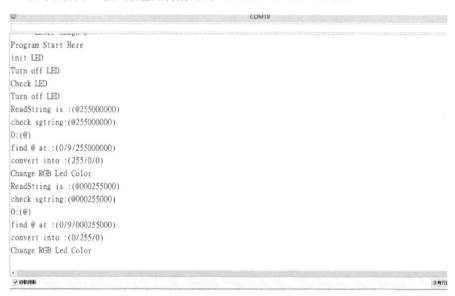

```
Program Start Here
init LED
Turn off LED
Check LED
Turn off LED
ReadString is :(@255000000)
check sgtring:(@255000000)
0:(@)
find @ at :(0/9/255000000)
convert into :(255/0/0)
Change RGB Led Color
ReadString is :(@000255000)
check sgtring:(@000255000)
0:(@)
find @ at :(0/9/000255000)
convert into :(0/255/0)
Change RGB Led Color
```

圖 46 @000255000#結果畫面

如下圖所示，我們可以看到混色控制 WS2812B 全彩燈泡模組測試程式結果畫面。

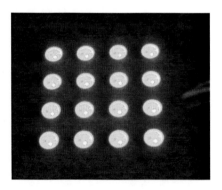

圖 47 @000255000#燈泡顯示

第三次測試

如下圖所示，我們輸入

@000000255#

如下圖所示，程式就會進行解譯為：R=000，G=000，B=255：

COM18

```
ReadString is :(@255000000)
check sgtring:(@255000000)
0:(@)
find @ at :(0/9/255000000)
convert into :(255/0/0)
Change RGB Led Color
ReadString is :(@000255000)
check sgtring:(@000255000)
0:(@)
find @ at :(0/9/000255000)
convert into :(0/255/0)
Change RGB Led Color
ReadString is :(@000000255)
check sgtring:(@000000255)
0:(@)
find @ at :(0/9/000000255)
convert into :(0/0/255)
Change RGB Led Color
```

✓ 自動捲動   沒有行結尾

圖 48 @000000255#結果畫面

如下圖所示，我們可以看到混色控制 WS2812B 全彩燈泡模組測試程式結果畫面。

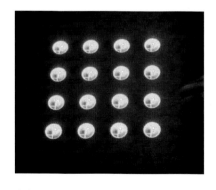

圖 49 @000000255#燈泡顯示

- 63 -

第四次測試(錯誤值)

如下圖所示，我們輸入

128128000#

如下圖所示，我們希望程式就會進行解譯為：R=128，G=128，B=000：

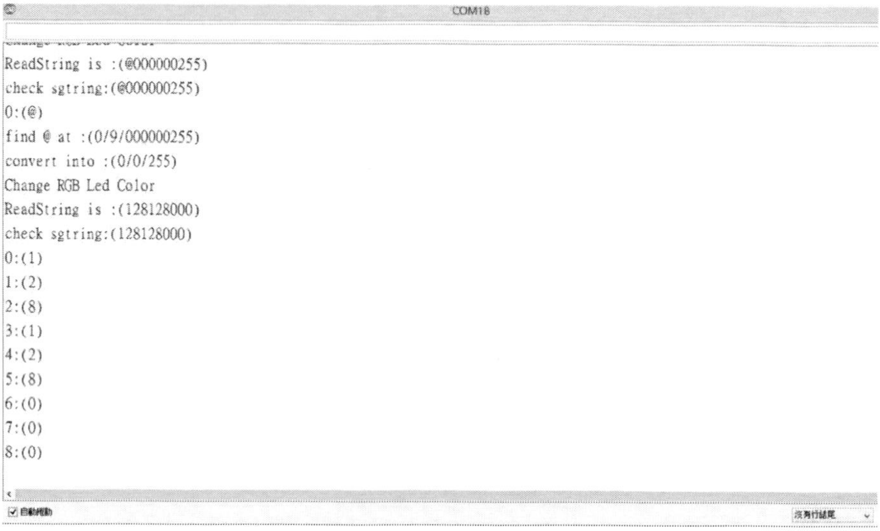

圖 50 128128000#結果畫面

但是在上圖所示，我們可以看到缺乏使用了『@』這個指令來當作所有的資料開頭值，所以無法判別那個值，而無法解譯成功，該 DecodeString(String INPStr, byte *r, byte *g , byte *b)傳回 FALSE，而不進行改變顏色。

第五次測試

如下圖所示，我們輸入

@128128000#

如下圖所示，程式就會進行解譯為：R=128，G=128，B=000：

```
Change RGB Led Color
ReadString is :(128128000)
check sgtring:(128128000)
0:(1)
1:(2)
2:(8)
3:(1)
4:(2)
5:(8)
6:(0)
7:(0)
8:(0)
ReadString is :(@128128000)
check sgtring:(@128128000)
0:(@)
find @ at :(0/9/128128000)
convert into :(128/128/0)
Change RGB Led Color
```

✓ 自動捲動   換列行結尾   ∨ 960

圖 51 @128128000#結果畫面

如下圖所示，我們可以看到混色控制 WS2812B 全彩燈泡模組測試程式結果畫面。

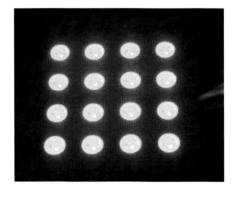

圖 52 @128128000#燈泡顯示

第六次測試

如下圖所示，我們輸入

```
@000255255#
```

如下圖所示，程式就會進行解譯為：R=000，G=255，B=255：

圖 53 @000255255#結果畫面

這個結果就請讀者自行測試，本文就不再這裡詳述之。

章節小結

本章主要介紹之 Ameba 8710AF 開發板使用與連接 WS2812B 全彩燈泡模組，透過外部輸入 RGB 三原色代碼，來控制 WS2812B 全彩燈泡模組三原色混色，產生想要的顏色，透過本章節的解說，相信讀者會對連接、使用 WS2812B 全彩燈泡模組，並透過外部輸入 RGB 三原色代碼，來控制 WS2812B 全彩燈泡模組三原色混色，產生想要的顏色，有更深入的了解與體認。

CHAPTER

透過 WIFI 控制 WS2812 燈泡模組

上章節介紹如何透過通訊埠通訊方式，傳輸控制顏色代碼，來控制 WS2812B 全彩燈泡模組顯示出對應的顏色，使用 ASCII 文字輸入，將 RGB(紅色、綠色、藍色)三個顏色的代碼輸入，透過解碼來還原 RGB(紅色、綠色、藍色)三個顏色值，進而填入全彩發光二極體的發光顏色電壓，來控制顏色。

透過 WIFI 控制 WS2812B 全彩燈泡模組發光

如下圖所示，這個實驗我們需要用到的實驗硬體有下圖.(a)的 Ameba 8710 AF、下圖.(b) Micro USB　下載線、下圖.(c) WS2812B 全彩燈泡模組：

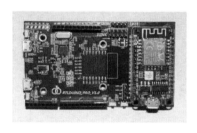

(a). Ameba 8710 AF

(b). MicroUSB　下載線

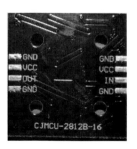

(c). WS2812B全彩燈泡模組

圖 54 控制 WS2812B 全彩燈泡模組所需材料表

讀者可以參考下圖所示之控制 WS2812B 全彩燈泡模組連接電路圖，進行電路
組立。

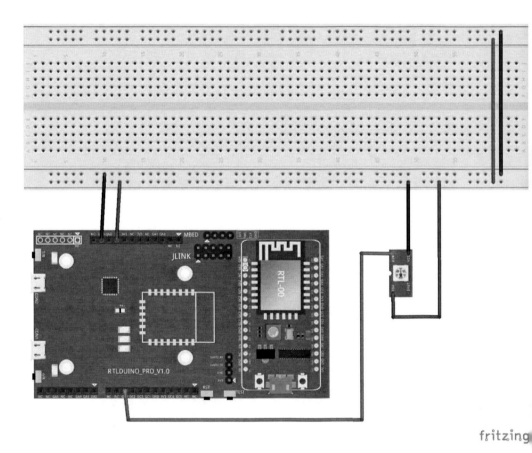

圖 55 控制 WS2812B 全彩燈泡模組連接電路圖

讀者也可以參考下表之 WS2812B 全彩燈泡模組接腳表，進行電路組立。

表 14 控制 WS2812B 全彩燈泡模組接腳表

接腳	接腳說明	開發板接腳
1	麵包板 Vcc(紅線)	接電源正極(5V)
2	麵包板 GND(藍線)	接電源負極
3	Data In(DI)	開發板 GC0(D10)

我們遵照前幾章所述，將 Ameba 開發板的驅動程式安裝好之後，我們打開 Ameba 開發板的開發工具：Sketch IDE 整合開發軟體(軟體下載請到：https://www.arduino.cc/en/Main/Software)(Realtek, 2016a, 2016b)，攥寫一段程式，如下表所示之透過 WIFI 控制 WS2812B 全彩燈泡模組測試程式。

表 15 透過 WIFI 控制 WS2812B 全彩燈泡模組測試程式

透過 WIFI 控制 WS2812B 全彩燈泡模組測試程式(Ameba_WSControlRGBLed)

```
#include "Pinset.h"
#include <WiFi.h>

char ssid[] = "IOT";          // your network SSID (name)
char pass[] = "0123456789";        // your network password

uint8_t MacData[6];
IPAddress   Meip ,Megateway ,Mesubnet ;
String MacAddress ;
int status = WL_IDLE_STATUS;

#include "ws2812b.h"

ws2812b ledstrip = ws2812b(DIGITALPINNUMBER , NUM_LEDS);

byte RedValue = 0, GreenValue = 0, BlueValue = 0;
String ReadStr = "" ;
int delayval = 500; // delay for half a second
WiFiServer server(8080);
 char c ;
  int count = 0 ;
  boolean readok = false ;
  unsigned long strtime ;



void setup() {
  Serial.begin(9600) ;
   ledstrip.begin(); // This initializes the NeoPixel library.
   DebugMsgln("Program Start Here") ;
    MacAddress = GetWifiMac() ; // get MacAddress
    ShowMac() ;                //Show Mac Address
    initializeWiFi();
       server.begin();
    printWifiData() ;

          DebugMsgln("init LED") ;
        ChangeBulbColor(RedValue,GreenValue,BlueValue) ;
```

```
        DebugMsgln("Turn off LED") ;
    if (TestLed ==    1)
        {
                CheckLed() ;
                    DebugMsgln("Check LED") ;
                        ChangeBulbColor(RedValue,GreenValue,BlueValue) ;
                        DebugMsgln("Turn off LED") ;
        }




    delay(initDelayTime) ;      //wait 2 seconds

}


void loop() {

  WiFiClient client = server.available();
  readok = false ;
  if (client)
  {
    Serial.println("Now Someone Access WebServer");

    Serial.println("new client");
    // an http request ends with a blank line
    boolean currentLineIsBlank = true;
    while (client.connected())
        {
            if (client.available())
            {
                Serial.println("something readrable");
                c = client.read();
                // give the web browser time to receive the data
                if (c == '@')
                {
                        Serial.println("read head happen");
```

```
                ReadStr = ""    ;
                strtime =      millis() ;
                count = 0 ;
                    while(true)        // for enter read string
                    {

                if (client.available())
                        {
                                c = client.read();
                                    if (c == '#')
                                        {
                                            readok = true ;
                                            break ;
                                        }    //   read ending    symbol
                                        else
                                        {
                                            ReadStr.concat(c) ;
                                            Serial.println(ReadStr) ;
                                            count ++ ;
                                        }
                        }        //end of client.available()

                                    if ((millis() - strtime ) > MaxReceive-
WaitTime)
                                        {
                                            readok = false ;
                                            break ;
                                        }        //judge too long time to waiting
                                        if (count > 15)
                                        {
                                            readok = false ;
                                            break ;
                                        }        //judge read too more char

                    }     //end of read command string


            }     //(c == '@')     judge read starting symbol
```

```
            }       //(client.available())    some data incoming

          // close the connection:
          if (readok)
              {
                  Serial.println("read string ok");
                  Serial.println(ReadStr) ;
                      if (DecodeString(ReadStr,&RedValue,&GreenValue,&BlueValue) )
                      {
                              DebugMsgln("Change RGB Led Color") ;
                              ChangeBulbColor(RedValue,GreenValue,BlueValue) ;
                      }
                  readok = false ;
                  ReadStr = "" ;
              }
          // Serial.println("client disonnected");
      }    //end of while (client.connected())


  }   //    end of   if (client)


      delay(800) ;

}
void ChangeBulbColor(int r,int g,int b)
{
      // For a set of NeoPixels the first NeoPixel is 0, second is 1, all the way up to the
count of pixels minus one.
      for(int i=0;i<NUM_LEDS;i++)
      {
              // pixels.Color takes RGB values, from 0,0,0 up to 255,255,255
              ledstrip.setPixelColor(i,r,g,b);
              //pixels.setPixelColor(i, pixels.Color(r,g,b)); // Moderately bright green color.
          // delay(delayval); // Delay for a period of time (in milliseconds).
      }
              ledstrip.show(); // This sends the updated pixel color to the hardware.


}

boolean DecodeString(String INPStr, byte *r, byte *g , byte *b)
```

```
{
                    Serial.print("check string:(") ;
                    Serial.print(INPStr) ;
                        Serial.print(")\n") ;


        int i = 0 ;
        int strsize = INPStr.length();

                        *r = byte(INPStr.substring(i,i+3).toInt()) ;
                        *g = byte(INPStr.substring(i+3,i+3+3).toInt() ) ;
                        *b = byte(INPStr.substring(i+3+3,i+3+3+3).toInt() ) ;
                         Serial.print("convert into :(") ;
                          Serial.print(*r) ;
                           Serial.print("/") ;
                          Serial.print(*g) ;
                           Serial.print("/") ;
                          Serial.print(*b) ;
                           Serial.print(")\n") ;
                          return true ;


}
void CheckLed()
{
        for(int i = 0 ; i <16; i++)
            {
                    ChangeBulb-
Color(CheckColor[i][0],CheckColor[i][1],CheckColor[i][2]) ;
                    delay(CheckColorDelayTime) ;
            }
}
void DebugMsg(String msg)
{
        if ( _Debug != 0)
            {
                Serial.print(msg) ;
            }


}
void DebugMsgln(String msg)
```

```
{
    if (_Debug != 0)
        {
            Serial.println(msg) ;
        }

}

void ShowMac()
{

    Serial.print("MAC:");
    Serial.print(MacAddress);
    Serial.print("\n");

}


String GetWifiMac()
{
    String tt ;
    String t1,t2,t3,t4,t5,t6 ;
    WiFi.status();        //this method must be used for get MAC
  WiFi.macAddress(MacData);

  Serial.print("Mac:");
  Serial.print(MacData[0],HEX) ;
  Serial.print("/");
  Serial.print(MacData[1],HEX) ;
  Serial.print("/");
  Serial.print(MacData[2],HEX) ;
  Serial.print("/");
  Serial.print(MacData[3],HEX) ;
  Serial.print("/");
  Serial.print(MacData[4],HEX) ;
  Serial.print("/");
  Serial.print(MacData[5],HEX) ;
```

```
    Serial.print("~");

   t1 = print2HEX((int)MacData[0]);
   t2 = print2HEX((int)MacData[1]);
   t3 = print2HEX((int)MacData[2]);
   t4 = print2HEX((int)MacData[3]);
   t5 = print2HEX((int)MacData[4]);
   t6 = print2HEX((int)MacData[5]);
 tt = (t1+t2+t3+t4+t5+t6) ;
Serial.print(tt);
Serial.print("\n");

   return tt ;
}
String   print2HEX(int number) {
   String ttt ;
   if (number >= 0 && number < 16)
   {
      ttt = String("0") + String(number,HEX);
   }
   else
   {
       ttt = String(number,HEX);
   }
   return ttt ;
}




void printWifiData()
{
   // print your WiFi shield's IP address:
   Meip = WiFi.localIP();
   Serial.print("IP Address: ");
   Serial.println(Meip);
   Serial.print("\n");
```

```
// print your MAC address:
byte mac[6];
WiFi.macAddress(mac);
Serial.print("MAC address: ");
Serial.print(mac[5], HEX);
Serial.print(":");
Serial.print(mac[4], HEX);
Serial.print(":");
Serial.print(mac[3], HEX);
Serial.print(":");
Serial.print(mac[2], HEX);
Serial.print(":");
Serial.print(mac[1], HEX);
Serial.print(":");
Serial.println(mac[0], HEX);

// print your subnet mask:
Mesubnet = WiFi.subnetMask();
Serial.print("NetMask: ");
Serial.println(Mesubnet);

// print your gateway address:
Megateway = WiFi.gatewayIP();
Serial.print("Gateway: ");
Serial.println(Megateway);
}

void ShowInternetStatus()
{

        if (WiFi.status())
          {
                Meip = WiFi.localIP();
                Serial.print("Get IP is:");
                Serial.print(Meip);
                Serial.print("\n");

          }
        else
```

```
                    {
                                Serial.print("DisConnected:");
                                Serial.print("\n");
                    }


        }

void initializeWiFi() {
    while (status != WL_CONNECTED) {
        Serial.print("Attempting to connect to SSID: ");
        Serial.println(ssid);
        // Connect to WPA/WPA2 network. Change this line if using open or WEP network:
        status = WiFi.begin(ssid, pass);
    //    status = WiFi.begin(ssid);

        // wait 10 seconds for connection:
        delay(10000);
    }
    Serial.print("\n Success to connect AP:") ;
    Serial.print(ssid) ;
    Serial.print("\n") ;


}
```

程式下載： https://github.com/brucetsao/eHUE_Bulb4

表 16 透過 WIFI 控制 WS2812B 全彩燈泡模組測試程式(Pinset.h)

透過 WIFI 控制 WS2812B 全彩燈泡模組測試程式(Pinset.h)
// Which pin on the Arduino is connected to the NeoPixels?

```
#define DIGITALPINNUMBER    10
#define NUM_LEDS    16


// How many NeoPixels are attached to the Arduino?


#define MaxReceiveWaitTime 5000
#define _Debug 1
```

```
#define TestLed 1
#include <String.h>
#define CheckColorDelayTime 500
#define initDelayTime 2000
#define CommandDelay 100
int CheckColor[][3] = {
                        {255 , 255,255} ,
                        {255 , 0,0} ,
                        {0 , 255,0} ,
                        {0 , 0,255} ,
                        {255 , 128,64} ,
                        {255 , 255,0} ,
                        {0 , 255,255} ,
                        {255 , 0,255} ,
                        {255 , 255,255} ,
                        {255 , 128,0} ,
                        {255 , 128,128} ,
                        {128 , 255,255} ,
                        {128 , 128,192} ,
                        {0 , 128,255} ,
                        {255 , 0,128} ,
                        {128 , 64,64} ,
                        {0 , 0,0} } ;
```

　　如下圖所示，我們可以看到透過 WIFI 的 TCP/IP Socket 控制 WS2812B 全彩燈泡程式開始畫面。

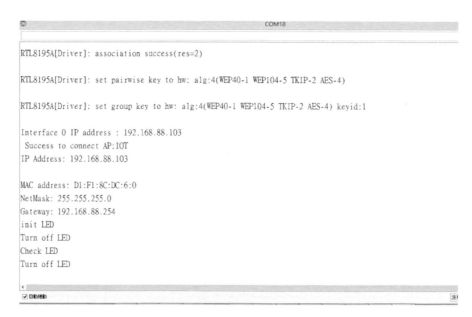

```
RTL8195A[Driver]: association success(res=2)

RTL8195A[Driver]: set pairwise key to hw: alg:4(WEP40-1 WEP104-5 TKIP-2 AES-4)

RTL8195A[Driver]: set group key to hw: alg:4(WEP40-1 WEP104-5 TKIP-2 AES-4) keyid:1

Interface 0 IP address : 192.168.88.103
 Success to connect AP:IOT
IP Address: 192.168.88.103

MAC address: D1:F1:8C:DC:6:0
NetMask: 255.255.255.0
Gateway: 192.168.88.254
init LED
Turn off LED
Check LED
Turn off LED
```

圖 56 透過 WIFI 控制 WS2812B 全彩燈泡模組式開始畫面

安裝 TCP/IP 命令控制程式

　　本文為了測試這些程式是否傳輸、接收命令是否正確，我們會先行安裝市面穩定的 Wifi TCP/IP 通訊 APPs 應用程式。

　　本書使用 vedmobile 公司攥寫的 『 TCP Socket 』，其網址：https://play.google.com/store/apps/details?id=com.vedmobile.tcpsocket，讀者可以到該網址下載之，或是使用手機掃描 QR Code(如下圖所示)。

圖 57 TCP Socket 下載網址

本章節主要是介紹讀者如何安裝 vedmobile 公司攥寫的『TCP Socket』，其網址：
https://play.google.com/store/apps/details?id=com.vedmobile.tcpsocket，如下圖所示，在手
機主畫面進入 play 商店。

圖 58 手機主畫面進入 play 商店

如下圖所示，下圖為 play 商店主畫面。

圖 59 用關鍵字搜尋

如下圖所示，下圖為 play 商店主畫面。

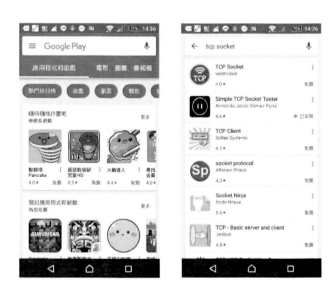

圖 60 搜尋 TCP_Socket

如下圖所示，下圖為 play 商店主畫面。

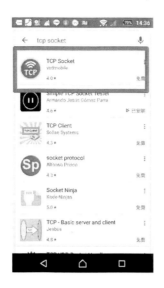

圖 61 安裝 TCP_Socket

如下圖所示，下圖為 play 商店主畫面。

圖 62 進行安裝 TCP_Socket

如下圖所示，下圖為 play 商店主畫面。

圖 63 同意安裝 TCP_Socket

如下圖所示，下圖為 play 商店主畫面。

圖 64 安裝 TCP_Socket 完成

如下圖所示，下圖為 play 商店主畫面。

圖 65 桌面看到完成安裝之 TCP_Socket

設定 TCP/IP 命令控制環境

　　如下圖所示，我們可以看到透過 Ameba 8710 AF 執行時，所傳回的訊息中，我們可以看到裝置取得網址：192.168.88.103，請注意，讀者根據本文範例程式自行修改之後，所取得的網址不一定根本文相同，請自行閱讀傳回的訊息來修正之。

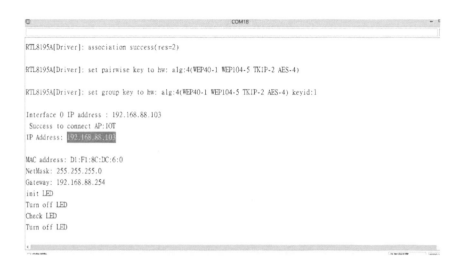

圖 66 取得 WIFI 控制 WS2812B 全彩燈泡模組網址

　　如下圖所示,我們可以使用具有 WIFI 通訊能力的手機,且我們必須先在該手機上安裝 TCP Socket 應用程式,我們可以在手機桌面看到 Android 系統的設定程式。

圖 67 進入 SETUP 工具程式

　　如下圖所示,進入 Android 系統的設定程式後,我們先將 WIFI 連線開啟,並

- 88 -

將連接的 WIFI 熱點(Access Point)與裝置所設定的 WIFI 熱點(Access Point)相同。

圖 68 連到相同熱點

如下圖所示，我們確認手機取得網址與裝置網址為同一網域。

圖 69 確認相同網域

TCP/IP 命令控制測試

如下圖所示，我們可以看到透過 Ameba 8710AF 執行時，所傳回的訊息中，我們可以看到裝置取得網址：192.168.88.103，請注意，讀者根據本文範例程式自行修改之後，所取得的網址不一定根本文相同，請自行閱讀傳回的訊息來修正之。

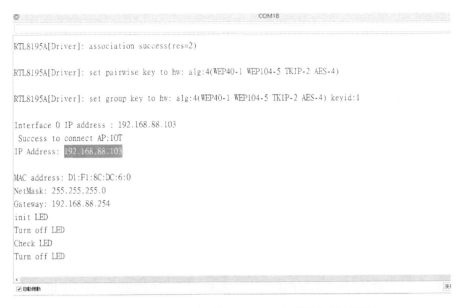

圖 70 取得 WIFI 控制 WS2812B 全彩燈泡模組網址

如下圖所示，我們可以使用具有 WIFI 通訊能力的手機，且我們已先在該手機上安裝 TCP Socket 應用程式，我們可以在手機桌面上看到已安裝之 TCP Socket 應用程式。

圖 71 執行 TCP_Socket 應用程式

如下圖所示，點選手機桌面上的 TCP Socket 應用程式，進入主畫面。

圖 72 TCP_Socket 主畫面

　　如下圖所示，進入 TCP Socket 應用程式主畫面之後，我們將圖 70 之裝置取得的網址，輸入在下圖所示之連線主機之網址，並設定通訊埠為：8080，透過 WIFI 的 TCP/IP Socket 來傳輸命令。

圖 73 輸入網址與通訊埠號碼

　　如下圖所示，我們點選 TCP Socket 應用程式主畫面之連線(Connect)，連線裝置主機。

圖 74 建立裝置連線

如下圖所示，我們看到 TCP Socket 應用程式主畫面與裝置主機已建立連線。

圖 75 完成裝置連線

由於透過 TCP/IP Socket 通訊方式輸入，將 RGB(紅色、綠色、藍色)三個顏色的代碼輸入，透過解碼來還原 RGB(紅色、綠色、藍色)三個顏色值，進而填入 WS2812B 全彩燈泡模組的發光顏色電壓，來控制顏色。

所以我們使用了『@』這個指令，來當作所有的資料開頭，接下來就是第一個紅色燈光的值，其紅色燈光的值使用『000』～『255』來當作紅色顏色的顏色值，『000』代表紅色燈光全滅，『255』代表紅色燈光全亮，中間的值則為線性明暗之間為主。

接下來就是第二個綠色燈光的值，其綠色燈光的值使用『000』～『255』來當作綠色顏色的顏色值，『000』代表綠色燈光全滅，『255』代表綠色燈光全亮，中間的值則為線性明暗之間為主。

最後一個藍色燈光的值，其藍色燈光的值使用『000』～『255』來當作藍色顏色的顏色值，『000』代表藍色燈光全滅，『255』代表藍色燈光全亮，中間的值則為線性明暗之間為主。

在所有顏色資料傳送完畢之後，所以我們使用了『#』這個指令，來當作所有的資料的結束，如下圖所示，我們輸入

@255000000#

如下圖所示，我們在 TCP Socket 應用程式，在 Send 內容輸入其值：

圖 76 輸入@255000000#

如下圖所示，程式就會進行解譯為：R=255，G=000，B=000：

```
COM18

something readrable
something readrable
read head happen
2
25
255
2550
25500
255000
2550000
25500000
255000000
read string ok
255000000
check string:(255000000)
convert into :(255/0/0)
Change RGB Led Color
```

圖 77 @255000000#結果畫面

如下圖所示，我們可以看到混色控制 WS2812B 全彩燈泡模組測試程式結果畫面。

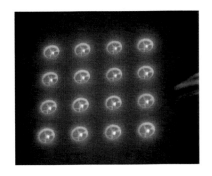

圖 78 @255000000#燈泡顯示

第二次測試

如下圖所示，我們輸入

@000255000#

如下圖所示，我們在 TCP Socket 應用程式，在 Send 內容輸入其值：

圖 79 輸入@000255000#

如下圖所示，程式就會進行解譯為：R=000，G=255，B=000：

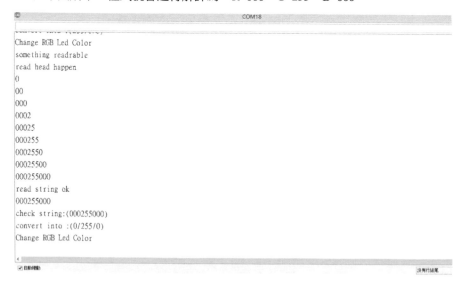

圖 80 @000255000#結果畫面

如下圖所示，我們可以看到混色控制 WS2812B 全彩燈泡模組測試程式結果畫面。

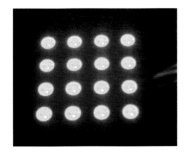

圖 81 @000255000#燈泡顯示

第三次測試

如下圖所示，我們輸入

@000000255#

如下圖所示，我們在 TCP Socket 應用程式，在 Send 內容輸入其值：

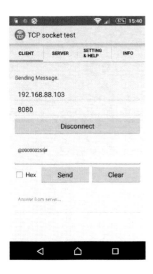

圖 82 輸入@000000255#

如下圖所示，程式就會進行解譯為：R=000，G=000，B=255：

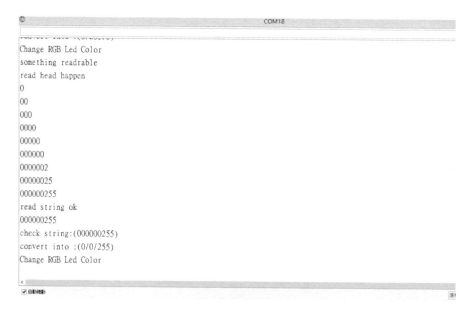

```
Change RGB Led Color
something readrable
read head happen
0
00
000
0000
00000
000000
0000002
00000025
000000255
read string ok
000000255
check string:(000000255)
convert into :(0/0/255)
Change RGB Led Color
```

✔ 自動捲動

圖 83 @000000255#結果畫面

如下圖所示，我們可以看到混色控制 WS2812B 全彩燈泡模組測試程式結果畫面。

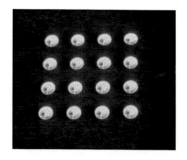

圖 84 @000000255#燈泡顯示

第四次測試(錯誤值)

如下圖所示，我們輸入

128128000#

如下圖所示，我們在 TCP Socket 應用程式，在 Send 內容輸入其值：

圖 85 輸入 128128000#

如下圖所示，我們希望程式就會進行解譯為：R=128，G=128，B=000：

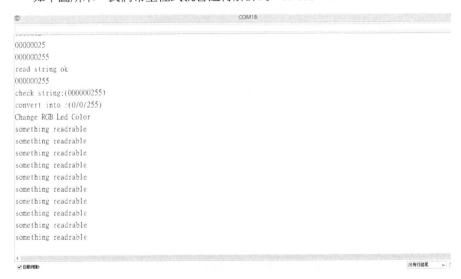

圖 86 128128000#結果畫面

但是在上圖所示，我們可以看到缺乏使用了『@』這個指令來當作所有的資料開頭值，所以無法判別那個值，而無法解譯成功，該 DecodeString(String INPStr, byte *r, byte *g , byte *b)傳回 FALSE，而不進行改變顏色。

第五次測試

如下圖所示，我們輸入

@128128000#

如下圖所示，我們在 TCP Socket 應用程式，在 Send 內容輸入其值：

圖 87 輸入@128128000#

如下圖所示，程式就會進行解譯為：R=128，G=128，B=000：

```
something readrable
something readrable
read head happen
1
12
128
1281
12812
128128
1281280
12812800
128128000
read string ok
128128000
check string:(128128000)
convert into :(128/128/0)
Change RGB Led Color
```

☑ 自動捲動   滾動行結尾

圖 88 @128128000#結果畫面

如下圖所示，我們可以看到混色控制 WS2812B 全彩燈泡模組測試程式結果畫面。

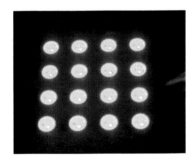

圖 89 @128128000#燈泡顯示

第六次測試

如下圖所示，我們輸入

@000255255#

如下圖所示，我們在 TCP Socket 應用程式，在 Send 內容輸入其值：

圖 90 輸入@000255255#

如下圖所示，程式就會進行解譯為：R=000，G=255，B=255：

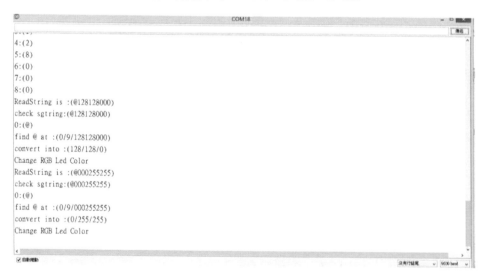

圖 91 @000255255#結果畫面

這個結果就請讀者自行測試，本文就不再這裡詳述之。

章節小結

　　本章主要介紹之 Ameba 8710 AF 開發板使用與連接 WS2812B 彩色燈泡模組，透過手機 TCP Socket 應用程式，使用 TCP/IP，通訊埠:8080 方式輸入控制命令，透過手機 WIFI 與開發版 WIFI 裝置相互傳輸進行通訊來控制 RGB 三原色混色，產生想要的顏色，透過本章節的解說，相信讀者會對手機應用程式之 WIFI 連接、控制 WS2812B 彩色燈泡模組之 RGB 三原色混色，產生想要的顏色，有更深入的了解與體認。

7
CHAPTER

氣氛燈泡外殼組裝

本章節主要介紹，我們將整個電路，組立再一樣的 LED 家用燈泡外殼之中，為本章的重點。

LED 燈泡外殼

如下圖所示，我們可以看到市售常見的 LED 燈泡，我們要將整個 WIFI 控制氣氛燈的電路，裝載在燈泡內部，並且透過市電 110V 或 220V 的交流電，供電給整個 WIFI 控制氣氛燈的電力。

圖 92 市售 LED 燈泡

如下圖所示，我們可以看到市售常見的 LED 燈泡，將燈泡插在一般的 E27 燈座上，並插在市電 110V 或 220V 的交流電插座上，便可以供電給整個 WIFI 控制氣氛燈足夠的電力。

圖 93 LED 燈泡與燈座

E27 金屬燈座殼

為了透過市電 110V 或 220V 的交流電的插座，我們必須要有上圖所示之 E27 燈座，為了這個 E27 燈座，如下圖所示，我們準備 E27 金屬燈座殼零件。

圖 94 E27 金屬燈座零件

如下圖所示，我們將 E27 金屬燈座殼進行組立。

圖 95 E27 金屬燈座零件

接出 E27 金屬燈座殼電力線

　　為了透過市電 110V 或 220V 的交流電的插座，我們必須要有上圖所示之 E27
燈座，而這個 E27 燈座必須連接到電路，如下圖所示，我們必須將 E27 金屬燈座
殼零件連接上兩條 AC 交流的電線，讓市電 110V 或 220V 的交流電的插座的電力
可以傳送到變壓器。

圖 96 接出 E27 金屬燈座殼電力線

準備 AC 交流轉 DC 直流變壓器

為了將市電 110V 或 220V 的交流電轉換成電路所需要的 DC 5V 的直流電,如下圖所示,我們準備 AC 交流轉 DC 直流變壓器。

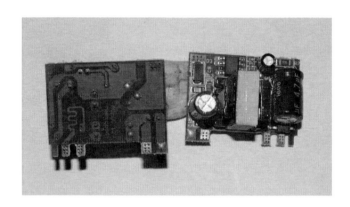

圖 97 變壓器電源模組

如下圖所示,我們可以見到變壓器電源模組的接腳電路圖。

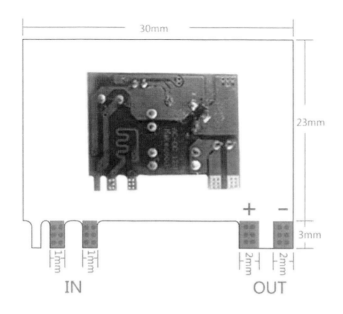

圖 98 變壓器電源模組的接腳電路圖

連接 AC 交流轉 DC 直流變壓器

如下圖所示，我們連接 AC 交流轉 DC 直流變壓器接到 E27 金屬燈座殼電力線，完成 AC 交流轉 DC 直流變壓器之 AC 交流輸入端。

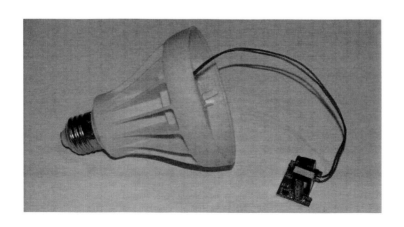

圖 99 連接 AC 交流轉 DC 直流變壓器

連接 DC 輸出

　　如下圖所示，我們連接 AC 交流轉 DC 直流變壓器之 DC 輸出到兩條公頭的杜
邦線上。

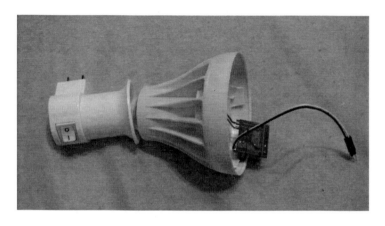

圖 100 連接 DC 輸出

放入 AC 交流轉 DC 直流變壓器於燈泡內

　　如下圖所示，我們連接 AC 交流轉 DC 直流變壓器放入 AC 交流轉 DC 直流變
壓器於燈泡內。

圖 101 放入 AC 交流轉 DC 直流變壓器於燈泡內

如下圖所示，可見到變壓器電源裝入燈泡側視圖。

圖 102 變壓器電源裝入燈泡側視圖

準備 WS2812B 彩色燈泡模組

如下圖所示，準備 WS2812B 彩色燈泡模組。

圖 103 WS2812B 彩色燈泡模組

如下圖所示，我們可以看到 WS2812B 彩色燈泡模組的背面接腳。

圖 104 翻開 WS2812B 全彩燈泡模組背面

WS2812B 彩色燈泡模組電路連接

如下圖所示，我們看到 WS2812B 彩色燈泡模組的背面接腳中，我們看到下圖所示之右邊紅框處，可以看到電路輸入端：VCC 與 GND，另外為資料輸入端:IN(Data In)。

圖 105 找到 WS2812B 全彩燈泡模組背面需要焊接腳位

如下圖所示，我們焊接 WS2812B 全彩燈泡模組背面腳位，可以看到電路輸入端：VCC 與 GND，另外為資料輸入端:IN(Data In)。

圖 106 焊接 WS2812B 全彩燈泡模組背面腳位

如下圖所示，我們使用三條單心線，連接到 WS2812B 彩色燈泡模組: 電路輸入端：VCC 為紅色單心線、GND 為藍色單心線，另外為資料輸入端:IN(Data In)為白色單心線，並將三條單心線另一端的線露出如下圖所示。

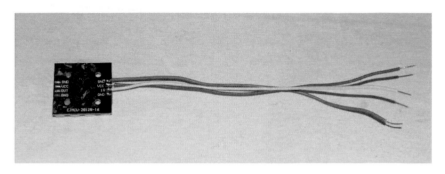

圖 107 焊接好之 WS2812B 全彩燈泡模組

讀者可以參考下圖所示之控制 WS2812B 全彩燈泡模組連接電路圖，進行電路組立。

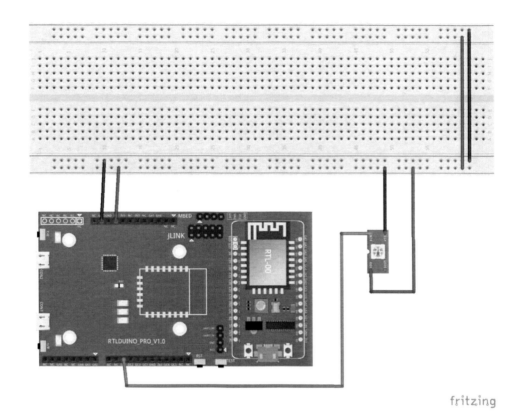

圖 108 控制 WS2812B 全彩燈泡模組連接電路圖

讀者也可以參考下表之 WS2812B 全彩燈泡模組接腳表，進行電路組立。

表 17 控制 WS2812B 全彩燈泡模組接腳表

接腳	接腳說明	開發板接腳
1	麵包板 Vcc(紅線)	接電源正極(5V)
2	麵包板 GND(藍線)	接電源負極
3	Data In(DI)	開發板 GC0(D10)

接腳	接腳說明	開發板接腳

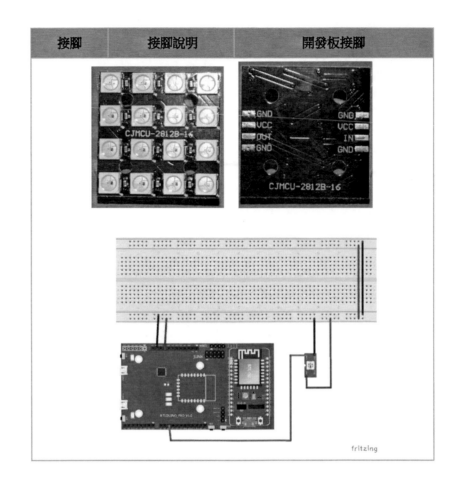

完成 Ameba 8710 AF 開發板之實體電路

　　如下圖所示，我們為了能夠塞入 Ameba 8710 AF 開發板，本文使用洞洞板，將 Ameba 8710 AF 開發板置入，並將之 WS2812B 全彩燈泡模組與 AC 轉 DC 變壓器一併焊接在洞洞板之上，切記，不可以靠太近，以免電路短路。

圖 109 完成 Ameba 8710 AF 開發板之實體電路

測試 Ameba 8710 AF 開發板之實體電路

如下圖所示，我們將焊接好洞洞板電路，將 Micro USB 線插入 Ameba 8710 AF 開發板，進行測試電路是否正常運作。

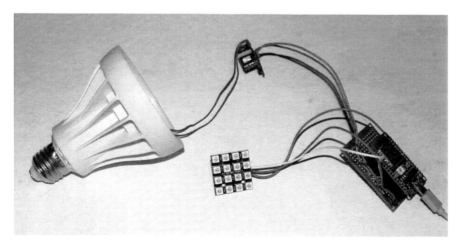

圖 110 測試 Ameba 8710 AF 開發板之實體電路

Ameba 8710 AF 開發板置入燈泡

如下圖所示,我們將焊接好洞洞板電路(包含 Ameba 8710 AF 開發板),置入燈泡,必須在 AC 轉 DC 變壓器之上,切記,不可以靠太近,以免電路短路。

圖 111 Ameba 8710 AF 開發板置入燈泡

準備燈泡隔板

如下圖所示,為了可以固定 WS2812B 彩色燈泡模組,我們取出厚紙板當作隔板。

圖 112 準備燈泡隔板

裁減燈泡隔板

如下圖所示，我們將厚紙板隔板，根據燈殼上蓋與下殼大小，剪裁如圓形一般，大小剛剛好可以置入燈泡內。

圖 113 裁減燈泡隔板

WS2812B 彩色燈泡模組黏上隔板

如下圖所示，我們將 WS2812B 彩色燈泡模組至於厚紙板隔板正上方(以圓心為中心)，用熱熔膠將 WS2812B 彩色燈泡模組固定於厚紙板隔板正上方。

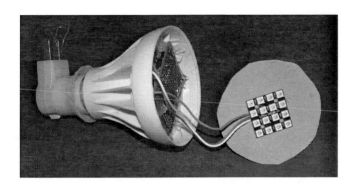

圖 114 WS2812B 彩色燈泡模組黏上隔板

WS2812B 彩色燈泡隔板放置燈泡上

如下圖所示，我們將裝置好 WS2812B 彩色燈泡模組的厚紙板隔板，放置燈泡下殼上方，請注意，大小要能塞入燈殼，並不影響上蓋卡入。

圖 115 WS2812B 彩色燈泡隔板放置燈泡上

蓋上燈泡上蓋

如下圖所示，我們將燈泡上蓋蓋上，請注意必須要卡住燈泡下殼之卡榫。

圖 116 蓋上燈泡上蓋

完成組立

如下圖所示，我們完成 Wifi 氣氛燈泡實體產品組立。

圖 117 完成組立

燈泡放置燈座與插上電源

如下圖所示,我們取出 E27 燈座,準備將上圖所示之組好之 Wifi 氣氛燈裝入燈座上。

圖 118 E27 燈座

如下圖所示,我們將 Wifi 氣氛燈裝入燈座上。

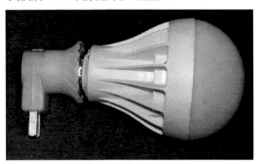

圖 119 裝好燈座之 Wifi 氣氛燈

如下圖所示,我們將 E27 燈座之上的 Wifi 氣氛燈泡,插入 AC 市電插座之上,並將開關打開,準備測試。

圖 120 燈泡放置燈座與插上電源

章節小結

本章主要介紹之如何透過 LED 燈泡外殼，將整個電路裝入 LED 燈泡外殼，開發出如 LED 家用燈泡一樣的產品，為本章的重點。

8

CHAPTER

透過 WIFI 熱點模式控制 WS2812 燈泡模組

上章節介紹如何透過 WIFI 的 TCP/IP Socket 來傳輸控制顏色代碼，來控制 WS2812B 全彩燈泡模組顯示出對應的顏色，使用 ASCII 文字輸入，將 RGB(紅色、綠色、藍色)三個顏色的代碼輸入，透過解碼來還原 RGB(紅色、綠色、藍色)三個顏色值，進而填入全彩發光二極體的發光顏色電壓，來控制顏色。

我們發現，我必須要能夠看到 Ameba 8710 AF 開發板搭載的氣氛燈泡裝置所取得的網址，方能正確控制燈泡，如果我們不知道其網址為何，根本無法控制氣氛燈泡裝置，所以我們必須改進這樣的方式。

我們發現，Ameba 8710 AF 開發板可以變成一個網路熱點(Access Point)，而連線到每一個網路熱點(Access Point)又都會處於相同網域，而網域的閘道器又是標準的網址，這樣的特性，更可以方便我們控制氣氛燈泡裝置，所以本文要使用 Ameba 8710 AF 開發板的熱點模式(曹永忠, 2016; 曹永忠, 吳佳駿, et al., 2017a, 2017b)，來建構熱點方式控制氛燈泡裝置。

透過 WIFI 熱點模式控制 WS2812B 全彩燈泡模組發光

如下圖所示，這個實驗我們需要用到的實驗硬體有下圖.(a)的 Ameba 8710 AF、下圖.(b) Micro USB 下載線、下圖.(c) WS2812B 全彩燈泡模組：

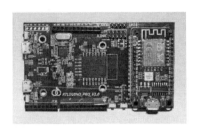

(a). Ameba 8710 AF　　　　　　　　(b). MicroUSB　下載線

(c). WS2812B全彩燈泡模組

圖 121 控制 WS2812B 全彩燈泡模組所需材料表

　　讀者可以參考下圖所示之控制 WS2812B 全彩燈泡模組連接電路圖，進行電路組立。

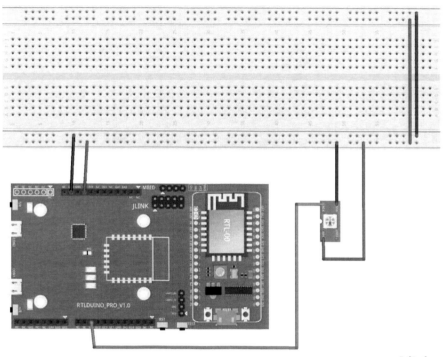

圖 122 控制 WS2812B 全彩燈泡模組連接電路圖

讀者也可以參考下表之 WS2812B 全彩燈泡模組接腳表，進行電路組立。

表 18 控制 WS2812B 全彩燈泡模組接腳表

接腳	接腳說明	開發板接腳
1	麵包板 Vcc(紅線)	接電源正極(5V)
2	麵包板 GND(藍線)	接電源負極
3	Data In(DI)	開發板 GC0(D10)

接腳	接腳說明	開發板接腳

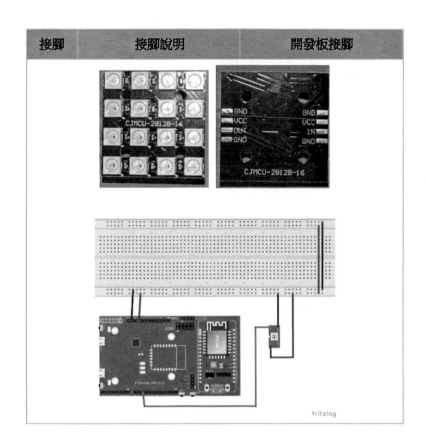

我們遵照前幾章所述，將 Ameba 開發板的驅動程式安裝好之後，我們打開 Ameba 開發板的開發工具：Sketch IDE 整合開發軟體(軟體下載請到：https://www.arduino.cc/en/Main/Software)(Realtek, 2016a, 2016b)，攢寫一段程式，如下表所示之透過 WIFI 熱點模式控制 WS2812B 全彩燈泡模組測試程式。

表 19 透過 WIFI 熱點模式控制 WS2812B 全彩燈泡模組測試程式

透過 WIFI 熱點模式控制 WS2812B 全彩燈泡模組測試程式 (Ameba_APMode_ControlRGBLed)
#include "Pinset.h" #include <String.h>

```cpp
#include <WiFi.h>

char ssid[12] ="AMEBA123456"        ;   // your network SSID (name)
char pass[9] = "12345678";          // your network password
char channel[] = "1";
uint8_t MacData[6];
IPAddress   Meip ,Megateway ,Mesubnet ;
String MacAddress ;
int status = WL_IDLE_STATUS;


#include "ws2812b.h"


ws2812b ledstrip = ws2812b(DIGITALPINNUMBER , NUM_LEDS);


byte RedValue = 0, GreenValue = 0, BlueValue = 0;
String ReadStr = "" ;
int delayval = 500; // delay for half a second
WiFiServer server(8080);
     char c ;
   int count = 0 ;
   boolean readok = false ;
   unsigned long strtime ;


void setup() {
   Serial.begin(9600) ;
   ledstrip.begin(); // This initializes the NeoPixel library.
   DebugMsgln("Program Start Here") ;
    MacAddress = GetWifiMac() ; // get MacAddress
    ShowMac() ;          //Show Mac Address
    initializeWiFi();
       server.begin();
     printWifiData() ;

          DebugMsgln("init LED") ;
        ChangeBulbColor(RedValue,GreenValue,BlueValue) ;
        DebugMsgln("Turn off LED") ;
        if (TestLed ==   1)
             {
```

```
            CheckLed() ;
                DebugMsgln("Check LED") ;
                    ChangeBulbColor(RedValue,GreenValue,BlueValue) ;
                    DebugMsgln("Turn off LED") ;

            }




    delay(initDelayTime) ;      //wait 2 seconds

}



void loop() {

  WiFiClient client = server.available();
  readok = false ;

  if (client)
  {
    Serial.println("Now Someone Access WebServer");

    Serial.println("new client");
    // an http request ends with a blank line
    boolean currentLineIsBlank = true;
    while (client.connected())
      {
  //      Serial.print("client connected   in while");
  //          Serial.println(millis());
          if (client.available())
          {
            //   Serial.println("something readrable");
            c = client.read();
            Serial.print(c) ;
            // give the web browser time to receive the data
            if (c == '@')
            {
```

```
                    Serial.println("read head happen");
            ReadStr = ""    ;
            strtime =     millis() ;
            count = 0 ;
               while(true)        // for enter read string
               {

                  if (client.available())
                     {
                           c = client.read();
                            Serial.print(c) ;

                           if (c == '#')
                               {
                                  readok = true ;
                                  count ++ ;
                                  break ;
                               }    //   read ending    symbol
                           else
                           {
                                  ReadStr.concat(c) ;
                        //          Serial.println(ReadStr) ;
                                  count ++ ;
                           }
                     }    //end of client.available()
                        Serial.print("Time Consume:") ;
                        Serial.println(millis() - strtime) ;
                         if ((millis() - strtime ) > MaxReceive-
WaitTime)

                           {
                                          Serial.println("wait to long
");

                              readok = false ;
                              break ;
                           }        //judge too long time to waiting
                        if (count > MaxReceiveCharCount)
                           {
                                          Serial.println("Read to
many");
```

```
                                                    readok = false ;
                                                    break ;
                                          }    //judge read too more char


                              }    //end of read command string (FROM BEGIN @ AS
WHILE)


                    }    //(c == '@')   judge read starting symbol

              }    //(client.available())   some data incoming

          // close the connection:
          if (readok)
                {
                    Serial.print("read string :");
                    Serial.println(ReadStr) ;
                        if (DecodeString(ReadStr,&RedValue,&GreenValue,&Blue-
Value) )
                            {
                                    DebugMsgln("Change RGB Led Color") ;
                                    ChangeBulbColor(RedValue,GreenValue,BlueValue) ;
                            }
                    readok = false ;
                    ReadStr = "" ;
                }
          // Serial.println("client disonnected");
      }    //end of while (client.connected())

  }    //   end of   if (client)

  //     delay(800) ;
  //   free(client);
}
void ChangeBulbColor(int r,int g,int b)
{
        // For a set of NeoPixels the first NeoPixel is 0, second is 1, all the way up to
the count of pixels minus one.
    for(int i=0;i<NUM_LEDS;i++)
```

```
        {
            // pixels.Color takes RGB values, from 0,0,0 up to 255,255,255
            ledstrip.setPixelColor(i,r,g,b);
            //pixels.setPixelColor(i, pixels.Color(r,g,b)); // Moderately bright green color.
        // delay(delayval); // Delay for a period of time (in milliseconds).
        }

                ledstrip.show(); // This sends the updated pixel color to the hardware.


}

boolean DecodeString(String INPStr, byte *r, byte *g , byte *b)
{
                        Serial.print("check string:(") ;
                        Serial.print(INPStr) ;
                            Serial.print(")\n") ;


        int i = 0 ;
        int strsize = INPStr.length();

                        *r = byte(INPStr.substring(i,i+3).toInt()) ;
                        *g = byte(INPStr.substring(i+3,i+3+3).toInt() ) ;
                        *b = byte(INPStr.substring(i+3+3,i+3+3+3).toInt() ) ;
                         Serial.print("convert into :(") ;
                          Serial.print(*r) ;
                           Serial.print("/") ;
                          Serial.print(*g) ;
                           Serial.print("/") ;
                          Serial.print(*b) ;
                           Serial.print(")\n") ;
                          return true ;


}
void CheckLed()
{
        for(int i = 0 ; i <16; i++)
            {
                ChangeBulb-
Color(CheckColor[i][0],CheckColor[i][1],CheckColor[i][2]) ;
                delay(CheckColorDelayTime) ;
```

```
        }
}
void DebugMsg(String msg)
{
    if (_Debug != 0)
        {
            Serial.print(msg) ;
        }

}
void DebugMsgln(String msg)
{
    if (_Debug != 0)
        {
            Serial.println(msg) ;
        }

}

void ShowMac()
{

        Serial.print("MAC:");
        Serial.print(MacAddress);
        Serial.print("\n");


}




String GetWifiMac()
{
    String tt ;
    String t1,t2,t3,t4,t5,t6 ;
    WiFi.status();      //this method must be used for get MAC
   WiFi.macAddress(MacData);

    Serial.print("Mac:");
```

```
    Serial.print(MacData[0],HEX) ;
    Serial.print("/");
    Serial.print(MacData[1],HEX) ;
    Serial.print("/");
    Serial.print(MacData[2],HEX) ;
    Serial.print("/");
    Serial.print(MacData[3],HEX) ;
    Serial.print("/");
    Serial.print(MacData[4],HEX) ;
    Serial.print("/");
    Serial.print(MacData[5],HEX) ;
    Serial.print("~");

    t1 = print2HEX((int)MacData[0]);
    t2 = print2HEX((int)MacData[1]);
    t3 = print2HEX((int)MacData[2]);
    t4 = print2HEX((int)MacData[3]);
    t5 = print2HEX((int)MacData[4]);
    t6 = print2HEX((int)MacData[5]);
  tt = (t1+t2+t3+t4+t5+t6) ;
  tt.toUpperCase() ;
Serial.print(tt);
Serial.print("\n");

    return (tt) ;
}

String    print2HEX(int number) {
    String ttt ;
    if (number >= 0 && number < 16)
    {
        ttt = String("0") + String(number,HEX);
    }
    else
    {
        ttt = String(number,HEX);
    }
    return ttt ;
}
```

```
void printWifiData()
{
    // print your WiFi shield's IP address:
    Meip = WiFi.localIP();
    Serial.print("IP Address: ");
    Serial.println(Meip);
    Serial.print("\n");

    // print your MAC address:
    byte mac[6];
    WiFi.macAddress(mac);
    Serial.print("MAC address: ");
    Serial.print(mac[5], HEX);
    Serial.print(":");
    Serial.print(mac[4], HEX);
    Serial.print(":");
    Serial.print(mac[3], HEX);
    Serial.print(":");
    Serial.print(mac[2], HEX);
    Serial.print(":");
    Serial.print(mac[1], HEX);
    Serial.print(":");
    Serial.println(mac[0], HEX);

    // print your subnet mask:
    Mesubnet = WiFi.subnetMask();
    Serial.print("NetMask: ");
    Serial.println(Mesubnet);

    // print your gateway address:
    Megateway = WiFi.gatewayIP();
    Serial.print("Gateway: ");
    Serial.println(Megateway);
}
```

```
void ShowInternetStatus()
{

        if (WiFi.status())
          {
                  Meip = WiFi.localIP();
                  Serial.print("Get IP is:");
                  Serial.print(Meip);
                  Serial.print("\n");


          }
          else
          {

                        Serial.print("DisConnected:");
                        Serial.print("\n");
          }


}

void initializeWiFi() {
    String SSIDName = String("AMEBA")+MacAddress.substring(6,11) ;
 //   stringcpy(SSIDName.toUpperCase(),&ssid[0]) ;
   stringcpy(SSIDName,&ssid[0]) ;
   while (status != WL_CONNECTED) {
     Serial.print("Attempting to connect to SSID: ");
     Serial.println(ssid);
     // Connect to WPA/WPA2 network. Change this line if using open or WEP net-
work:
     status = WiFi.apbegin(ssid, pass, channel);
  //     status = WiFi.begin(ssid);

     // wait 10 seconds for connection:
     delay(10000);
   }
   Serial.print("\n Success to connect AP:") ;
   Serial.print(ssid) ;
   Serial.print("\n") ;
```

```
}

void stringcpy(String srcchar, char *tarchar)
{
        for (int i = 0 ; i < srcchar.length(); i++)
            {
                    *(tarchar+i) = srcchar.charAt(i);

            }


}




void strcpy(char *srcchar, char *tarchar, int len)
{
        for (int i = 0 ; i < len; i++)
            {
                    *(tarchar+i) = *(srcchar+i);

            }

}
```

程式下載：https://github.com/brucetsao/eHUE_Bulb4

表 20 透過 WIFI 熱點模式控制 WS2812B 全彩燈泡模組測試程式(Pinset.h)

透過 WIFI 熱點模式控制 WS2812B 全彩燈泡模組測試程式(Pinset.h)

// Which pin on the Arduino is connected to the NeoPixels?
 	
#define DIGITALPINNUMBER   10
#define NUM_LEDS   16
 	
// How many NeoPixels are attached to the Arduino?
 	
#define MaxReceiveWaitTime 3000
#define MaxReceiveCharCount 30
#define _Debug 1

```
#define TestLed 1
#include <String.h>
#define CheckColorDelayTime 500
#define initDelayTime 2000
#define CommandDelay 100
int CheckColor[][3] = {
                        {255 , 255,255} ,
                        {255 , 0,0} ,
                        {0 , 255,0} ,
                        {0 , 0,255} ,
                        {255 , 128,64} ,
                        {255 , 255,0} ,
                        {0 , 255,255} ,
                        {255 , 0,255} ,
                        {255 , 255,255} ,
                        {255 , 128,0} ,
                        {255 , 128,128} ,
                        {128 , 255,255} ,
                        {128 , 128,192} ,
                        {0 , 128,255} ,
                        {255 , 0,128} ,
                        {128 , 64,64} ,
                        {0 , 0,0} } ;
```

程式下載：https://github.com/brucetsao/eHUE_Bulb4

如下圖所示，我們可以看到透過 WIFI 熱點模式控制 WS2812B 全彩燈泡模組
測試程式開始畫面。

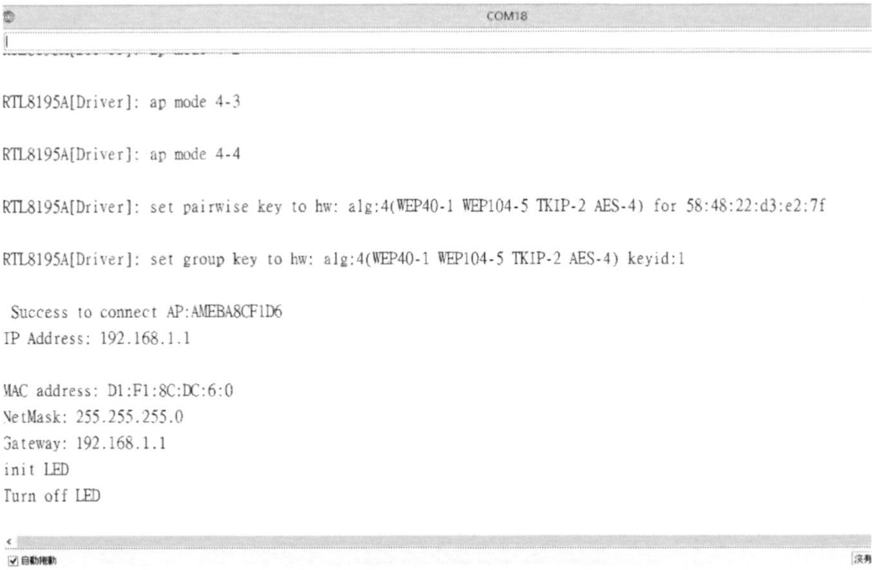

```
RTL8195A[Driver]: ap mode 4-3

RTL8195A[Driver]: ap mode 4-4

RTL8195A[Driver]: set pairwise key to hw: alg:4(WEP40-1 WEP104-5 TKIP-2 AES-4) for 58:48:22:d3:e2:7f

RTL8195A[Driver]: set group key to hw: alg:4(WEP40-1 WEP104-5 TKIP-2 AES-4) keyid:1

 Success to connect AP:AMEBA8CF1D6
IP Address: 192.168.1.1

MAC address: D1:F1:8C:DC:6:0
NetMask: 255.255.255.0
Gateway: 192.168.1.1
init LED
Turn off LED
```

✓ 自動捲動   沒有

圖 123 透過 WIFI 熱點模式控制 WS2812B 全彩燈泡模組測試程式開始畫面

安裝 TCP/IP 命令控制程式

　　本文為了測試這些程式是否傳輸、接收命令是否正確，我們會先行安裝市面穩定的 Wifi TCP/IP 通訊 APPs 應用程式。

　　本書使用 vedmobile 公司攥寫的『TCP Socket』，其網址：https://play.google.com/store/apps/details?id=com.vedmobile.tcpsocket，讀者可以到該網址下載之，或是使用手機掃描 QR Code(如下圖所示)。

圖 124 TCP Socket 下載網址

　　本章節主要是介紹讀者如何安裝 vedmobile 公司攢寫的『TCP Socket』，其網址：
https://play.google.com/store/apps/details?id=com.vedmobile.tcpsocket，如下圖所示，在手
機主畫面進入 play 商店。

圖 125 手機主畫面進入 play 商店

　　如下圖所示，下圖為 play 商店主畫面。

圖 126 用關鍵字搜尋

如下圖所示，下圖為 play 商店主畫面。

圖 127　　搜尋 TCP_Socket

如下圖所示，下圖為 play 商店主畫面。

圖 128 安裝 TCP_Socket

如下圖所示，下圖為 play 商店主畫面。

圖 129 進行安裝 TCP_Socket

如下圖所示，下圖為 play 商店主畫面。

圖 130 同意安裝 TCP_Socket

如下圖所示，下圖為 play 商店主畫面。

圖 131 安裝 TCP_Socket 完成

如下圖所示，下圖為 play 商店主畫面。

圖 132 桌面看到完成安裝之 TCP_Socket

設定 TCP/IP 命令控制環境

　　如下圖所示，我們可以看到透過 Ameba 8710AF 執行時，所傳回的訊息中，我們可以看到裝置取得網址：192.168.88.103，請注意，讀者根據本文範例程式自行修改之後，所取得的網址不一定根本文相同，請自行閱讀傳回的訊息來修正之。

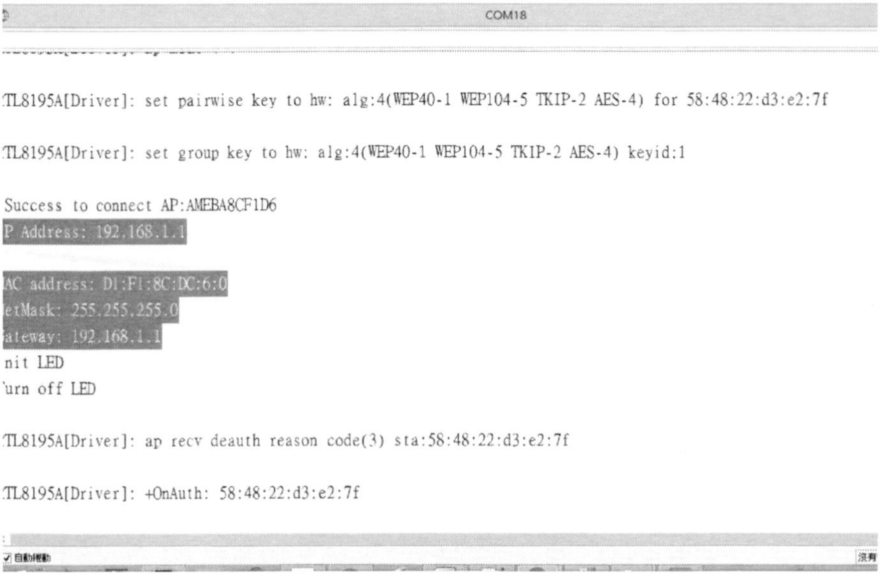

TL8195A[Driver]: set pairwise key to hw: alg:4(WEP40-1 WEP104-5 TKIP-2 AES-4) for 58:48:22:d3:e2:7f

TL8195A[Driver]: set group key to hw: alg:4(WEP40-1 WEP104-5 TKIP-2 AES-4) keyid:1

Success to connect AP:AMEBA8CF1D6
P Address: 192.168.1.1

AC address: D1:F1:8C:DC:6:0
etMask: 255.255.255.0
ateway: 192.168.1.1
nit LED
urn off LED

TL8195A[Driver]: ap recv deauth reason code(3) sta:58:48:22:d3:e2:7f

TL8195A[Driver]: +OnAuth: 58:48:22:d3:e2:7f

√ 自動捲動   清除

圖 133 取得 WIFI 熱點網址

　　如下圖所示，我們可以使用具有 WIFI 通訊能力的手機，且我們必須先在該手機上安裝 TCP Socket 應用程式，我們可以在手機桌面看到 Android 系統的設定程式。

圖 134 進入 SETUP 工具程式

　　如下圖所示，進入 Android 系統的設定程式後，如下圖紅框所示，進入 WIFI 設定。

圖 135 手機設定畫面

如下圖所示，進入 WIFI 設定後，我們打開 WIFI 功能。

圖 136 打開 WIFI

如下圖所示，我們搜尋的 WIFI 熱點(Access Point)後，我們可以看到搜尋到 AMEBA 開頭的裝置名稱，AMEBA 之後的數字則是該裝置 MAC 號碼之後三個 Byte 十六進位數字。

如下圖紅框所示，我們搜尋到該裝置所設定的 WIFI 熱點(Access Point)。

圖 137 搜尋 WIFI 氣氛燈熱點

如下圖所示，我們裝置所設定的 WIFI 熱點(Access Point)有設定連線密碼，為：
12345678。

圖 138 輸入熱點連線密碼

如下圖所示，我們輸入連線密碼，為：12345678，進行連線。

圖 139 輸入熱點連線密碼(與裝置相同)

如下圖所示，我們已經與所設定的 WIFI 熱點(Access Point)進行連線，並且已該裝置熱點為手機連線熱點。

圖 140 與裝置熱點建立連線

如下圖所示，我們確認手機取得網址與裝置熱點網址為同一網域。

圖 141 確認相同網域

TCP/IP 命令控制測試

如下圖所示,我們可以看到透過 Ameba 8710AF 執行時,所傳回的訊息中,我們可以看到裝置取得網址:192.168.88.103,請注意,讀者根據本文範例程式自行修改之後,所取得的網址不一定根本文相同,請自行閱讀傳回的訊息來修正之。

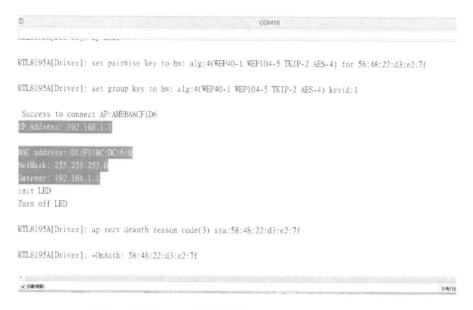

圖 142 取得 WIFI 熱點控制 WS2812B 全彩燈泡模組網址

如下圖所示,我們可以使用具有 WIFI 通訊能力的手機,且我們已先在該手機上安裝 TCP Socket 應用程式,我們可以在手機桌面上看到已安裝之 TCP Socket 應用程式。

圖 143 執行 TCP_Socket 應用程式

如下圖所示，點選手機桌面上的 TCP Socket 應用程式，進入主畫面。

圖 144 TCP_Socket 主畫面

如下圖所示，進入 TCP Socket 應用程式主畫面之後，我們將圖 142 之裝置取得的網址，輸入在下圖所示之連線主機之網址：192.168.1.1，並設定通訊埠為：8080。

圖 145 輸入網址與通訊埠號碼

如下圖所示，我們點選 TCP Socket 應用程式主畫面之連線(Connect)，連線裝置主機。

圖 146 建立裝置連線

如下圖所示，我們看到 TCP Socket 應用程式主畫面與裝置主機已建立連線。

圖 147 完成裝置連線

由於透過 TCP/IP Socket 通訊方式輸入，將 RGB(紅色、綠色、藍色)三個顏色的代碼輸入，透過解碼來還原 RGB(紅色、綠色、藍色)三個顏色值，進而填入

WS2812B 全彩燈泡模組的發光顏色電壓，來控制顏色。

所以我們使用了『@』這個指令，來當作所有的資料開頭，接下來就是第一個紅色燈光的值，其紅色燈光的值使用『000』～『255』來當作紅色顏色的顏色值，『000』代表紅色燈光全滅，『255』代表紅色燈光全亮，中間的值則為線性明暗之間為主。

接下來就是第二個綠色燈光的值，其綠色燈光的值使用『000』～『255』來當作綠色顏色的顏色值，『000』代表綠色燈光全滅，『255』代表綠色燈光全亮，中間的值則為線性明暗之間為主。

最後一個藍色燈光的值，其藍色燈光的值使用『000』～『255』來當作藍色顏色的顏色值，『000』代表藍色燈光全滅，『255』代表藍色燈光全亮，中間的值則為線性明暗之間為主。

在所有顏色資料傳送完畢之後，所以我們使用了『#』這個指令，來當作所有的資料的結束，如下圖所示，我們輸入

@255000000#

如下圖所示，我們在 TCP Socket 應用程式，在 Send 內容輸入其值：

圖 148 輸入@255000000#

如下圖所示，程式就會進行解譯為：R=255，G=000，B=000：

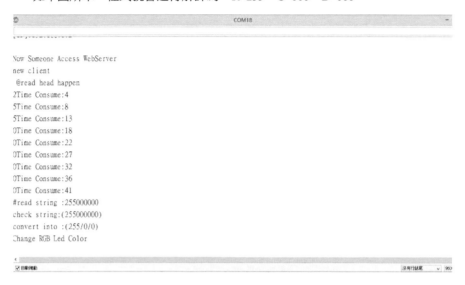

圖 149 @255000000#結果畫面

如下圖所示，我們可以看到混色控制 WS2812B 全彩燈泡模組測試程式結果畫面。

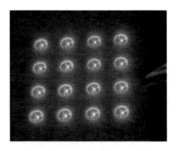

圖 150 @255000000#燈泡顯示

第二次測試

如下圖所示，我們輸入

@000255000#

如下圖所示，我們在 TCP Socket 應用程式，在 Send 內容輸入其值：

圖 151 輸入@000255000#

如下圖所示，程式就會進行解譯為：R=000，G=255，B=000：

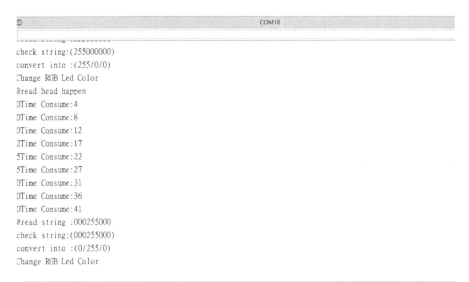

```
                                    COM18
check string:(255000000)
convert into :(255/0/0)
Change RGB Led Color
@read head happen
0Time Consume:4
0Time Consume:8
0Time Consume:12
2Time Consume:17
5Time Consume:22
5Time Consume:27
0Time Consume:31
0Time Consume:36
0Time Consume:41
#read string :000255000
check string:(000255000)
convert into :(0/255/0)
Change RGB Led Color
```

圖 152 @000255000#結果畫面

如下圖所示，我們可以看到混色控制 WS2812B 全彩燈泡模組測試程式結果畫面。

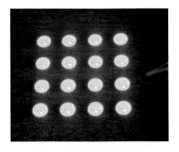

圖 153 @000255000#燈泡顯示

第三次測試

如下圖所示，我們輸入

@000000255#

如下圖所示，我們在 TCP Socket 應用程式，在 Send 內容輸入其值：

圖 154 輸入@000000255#

如下圖所示，程式就會進行解譯為：R=000，G=000，B=255：

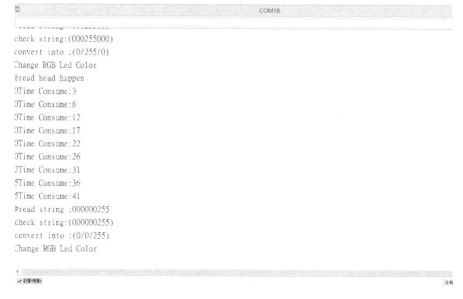

圖 155 @000000255#結果畫面

如下圖所示，我們可以看到混色控制 WS2812B 全彩燈泡模組測試程式結果畫面。

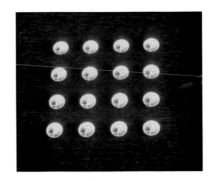

圖 156 @000000255#燈泡顯示

第四次測試(錯誤值)

如下圖所示，我們輸入

128128000#

如下圖所示，我們在 TCP Socket 應用程式，在 Send 內容輸入其值：

圖 157 輸入 128128000#

如下圖所示，我們希望程式就會進行解譯為：R=128，G=128，B=000：

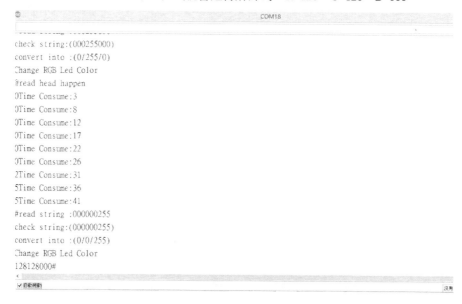

圖 158 128128000#結果畫面

但是在上圖所示，我們可以看到缺乏使用了『@』這個指令來當作所有的資料開頭值，所以無法判別那個值，而無法解譯成功，該 DecodeString(String INPStr, byte *r, byte *g , byte *b)傳回 FALSE，而不進行改變顏色。

第五次測試

如下圖所示，我們輸入

@128128000#

如下圖所示，我們在 TCP Socket 應用程式，在 Send 內容輸入其值：

圖 159 輸入@128128000#

如下圖所示，程式就會進行解譯為：R=128，G=128，B=000：

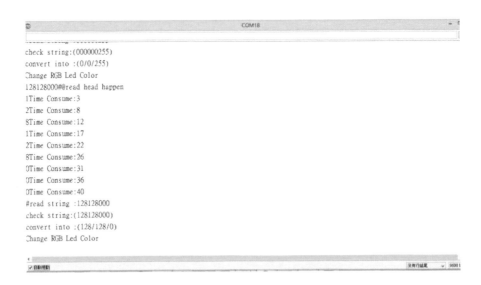

圖 160 @128128000#結果畫面

如下圖所示，我們可以看到混色控制 WS2812B 全彩燈泡模組測試程式結果畫面。

圖 161 @128128000#燈泡顯示

第六次測試

如下圖所示，我們輸入

@000255255#

如下圖所示，我們在 TCP Socket 應用程式，在 Send 內容輸入其值：

圖 162 輸入@000255255#

如下圖所示，程式就會進行解譯為：R=000，G=255，B=255：

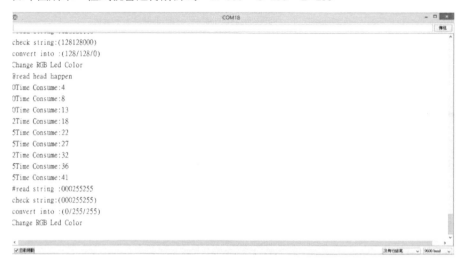

圖 163 @000255255#結果畫面

這個結果就請讀者自行測試，本文就不再這裡詳述之。

章節小結

　　本章主要介紹之 Ameba 8710 AF 開發板使用熱點模式(Access Point)方式，透過 TCP/IP Socket 通訊連接 WS2812B 彩色燈泡模組，透過手機 TCP Socket 應用程式，使用 TCP/IP，通訊埠:8080 方式輸入控制命令，透過手機 WIFI，並連接 Ameba 8710 AF 開發板創造的熱點與並透過 TCP/IP Socket 通訊連接，進行通訊來控制 RGB 三原色混色，產生想要的顏色，透過本章節的解說，相信讀者會對手機應用程式之 WIFI 熱點模式(Access Point)方式連接、控制 WS2812B 彩色燈泡模組之 RGB 三原色混色，產生想要的顏色，有更深入的了解與體認。

本書總結

　　筆者對於 Ameba 8195 AM/Ameba 8170 AF 開發板出版過許多相關的書籍，感謝許多有心的讀者提供筆者許多寶貴的意見與建議，筆者群不勝感激，許多讀者希望筆者可以推出更多的教學書籍與產品開發專案書籍給更多想要進入『物聯網』、『智慧家庭』這個未來大趨勢，所有才有這個系列的產生。

　　本系列叢書的特色是一步一步教導大家使用更基礎的東西，來累積各位的基礎能力，讓大家能更在 Maker 自造者運動中，可以拔的頭籌，所以本系列是一個永不結束的系列，只要更多的東西被製造出來，相信筆者會更衷心的希望與各位永遠在這條 Maker 路上與大家同行。

附錄

Ameba 8710AF 腳位圖

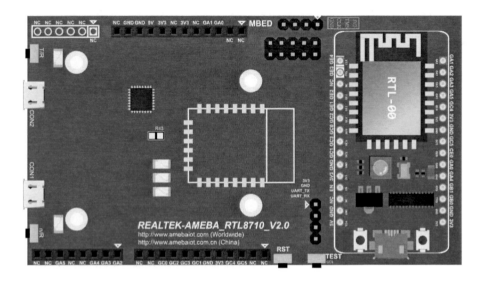

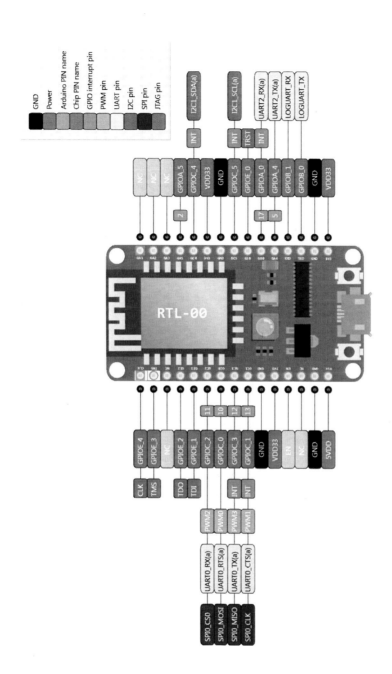

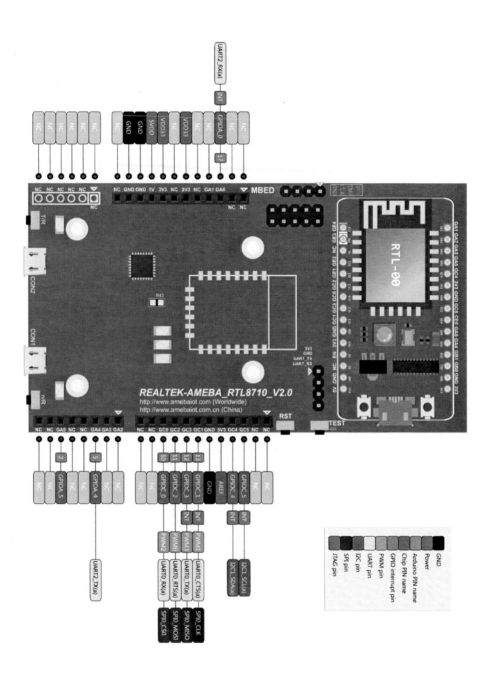

Ameba 8710 AF 腳位表

PIN	JTAG	UART	I2C	SPI	WL	P	
GPIO		UART2 IN					
GPIO		UART2 O					
GPIO							D SB
GPIO		UART LOG	UART log				
GPIO		UART LO			WL		D SL
GPIO			I2C3 S				
GPIO			I2C3 S				
GPIO		UART0 IN		SPI0 C		P	
GPIO		UART0 CT		SPI0 C		P	
GPIO		UART0 RT		SPI0		P	
GPIO		UART0 O		SPI0		P	
GPIO			I2C1 S	SPI0 C			
GPIO			I2C1 S	SPI0 C			
GPIO	JTAG T					P	
GPIO	JTAG T		JTAG			P	
GPIO	JTAG T					P	
GPIO	JTAG T					P	
GPIO	JTAG C						

		Baud rate
UART	UART LOG	38400 Hz
	UART0	4 MHz
	UART2	4 MHz
		Clock rate
SPI	SPI0 Master	20.8 MHz
	SPI0 Slave TRx	4.1 MHz
		Clock rate
I2C	Standard mode	0~100 kb/s
	Fast mode	<400 kb/s
	High-speed mode	<3.4Mb/s

Ameba 8195 AM 腳位圖

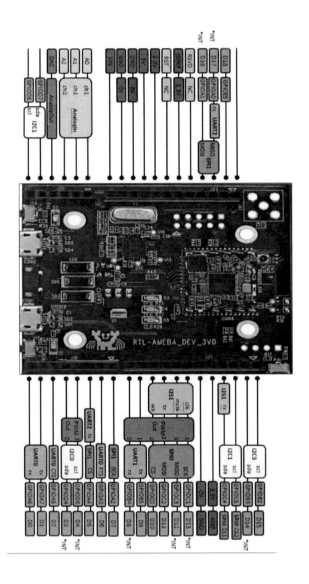

Ameba RTL8195AM 更新韌體按鈕圖

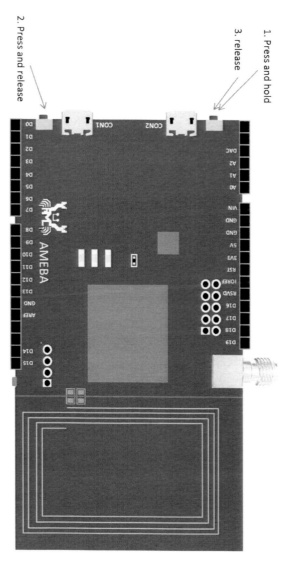

資料來源：Ameba RTL8195AM 官網：如何更換 DAP Firm-

ware?(http://www.amebaiot.com/change-dap-firmware/)

Ameba RTL8195AM 更換 DAP Firmware

請參考如下操作

1. 按住 CON2 旁邊的按鈕不放

2. 按一下 CON1 旁邊的按鈕

3. 放開在第一步按住的按鈕

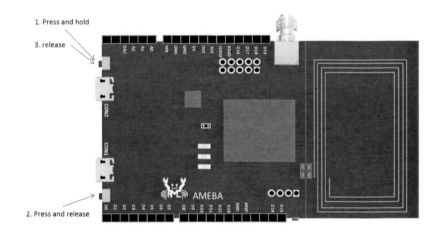

此時會出現一個磁碟槽，上面的標籤為 "CRP DISABLED"

Hard Disk Drives (2)

Local Disk (C:)
15.8 GB free of 97.6 GB

DATA (D:)
1.41 TB free of 1.72 TB

Devices with Removable Storage (1)

CRP DISABLD (E:)
0 bytes free of 64.0 KB
FAT

打開這個磁碟，裡面有個檔案 "firmware.bin"，它是目前這片 Ameba RTL8195AM 使用的 DAP firmware

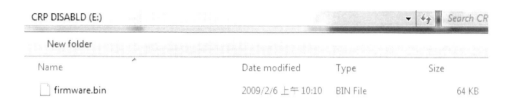

CRP DISABLD (E:)			Search CR
New folder			
Name	Date modified	Type	Size
firmware.bin	2009/2/6 上午 10:10	BIN File	64 KB

要更換 firmware，可以先將這個 firmware.bin 備份起來，然後刪掉，再將新的 DAP firmware 用檔案複製的方式放進去

CRP DISABLD (E:)			Search CRP
New folder -			
Name	Date modified	Type	Size
DAP_FW_Ameba_V10_2_2-2M.bin	2016/2/4 上午 10:57	BIN File	32 KB

最後將 USB 重新插拔，新的 firmware 就生效了。

資料來源：Ameba RTL8195AM 官網：如何更換 DAP Firmware?(http://www.amebaiot.com/change-dap-firmware/)

Ameba RTL8195AM 安裝驅動程式

請參考如下操作安裝開發環境:

步驟一:安裝驅動程式(Driver)

首先將 Micro USB 接上 Ameba RTL8195AM,另一端接上電腦:

第一次接上 Ameba RTL8195AM 需要安裝 USB 驅動程式,Ameba RTL8195AM 使用標準的 ARM MBED CMSIS DAP driver,你可以在這個地方找到安裝檔及相關說明:

https://developer.mbed.org/handbook/Windows-serial-configuration

在 "Download latest driver" 下載 "mbedWinSerial_16466.exe" 並安裝之後,會在裝置管理員看到 mbed serial port:

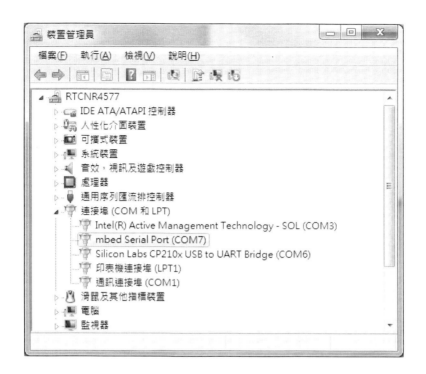

步驟二：安裝 Arduino IDE 開發環境

Arduino IDE 在 1.6.5 版之後，支援第三方的硬體，因此我們可以在 Arduino IDE 上開發 Ameba RTL8195AM，並共享 Arduino 上面的範例程式。在 Arduino 官方網站上可以找到下載程式：

https://www.arduino.cc/en/Main/Software

安裝完之後，打開 Arduino IDE，為了讓 Arduino IDE 找到 Ameba 的設定檔，先到 "File" -> "Preferences"

然後在 Additional Boards Manager URLs: 填入：

https://github.com/Ameba8195/Arduino/raw/master/re-
lease/package_realtek.com_ameba_index.json

Arduino IDE 1.6.7 以前的版本在中文環境下會有問題，若您使用 1.6.7 前的版本請將　"編輯器語言"　從　"中文(台灣)"　改成 English。在 Arduino IDE 1.6.7 版後語系的問題已解決。

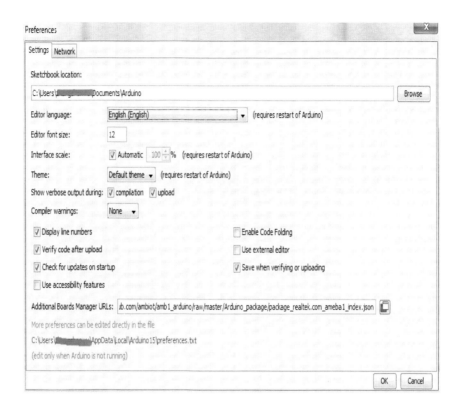

填完之後按 OK，然後因為改編輯器語言的關係，我們將 Arduino IDE 關掉之後重開。

接著準備選板子，到　"Tools" -> "Board" -> "Boards Manager"

　　在 "Boards Manager" 裡，它需要約十幾秒鐘整理所有硬體檔案，如果網路狀況不好可能會等上數分鐘。每當有新的硬體設定，我們需要重開 "Boards Manager"，所以我們等一會兒之後，關掉 "Boards Manager"，然後再打開它，將捲軸往下拉找到 "Realtek Ameba RTL8195AM Boards"，點右邊的 Install，這時候 Arduino IDE 就根據 Ameba 的設定檔開始下載 Ameba RTL8195AM 所需要的檔案：

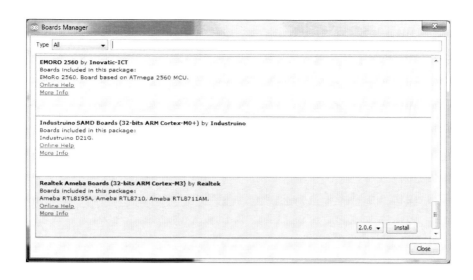

接著將板子選成 Ameba RTL8195AM，選取 "tools" -> "Board" ->
"Arduino Ameba"：

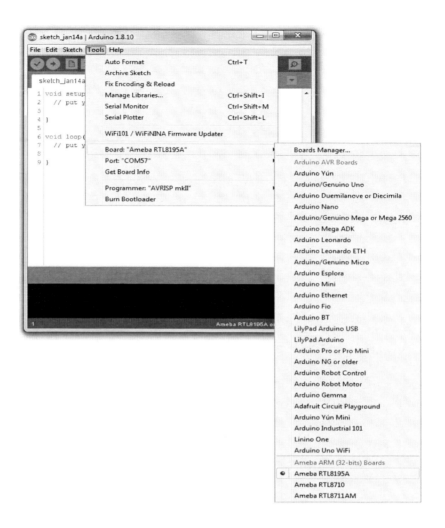

這樣開發環境就設定完成了。

資料來源：Ameba RTL8195AM 官網：Ameba Arduino: Getting Started With

RTL8195(http://www.amebaiot.com/ameba-arduino-getting-started/)

Ameba RTL8195AM 使用多組 UART

　　Ameba 在開發板上支援的 UART 共 2 組（不包括 Log UART），使用者可以自行選擇要使用的 Pin，請參考下圖。（圖中的序號為 UART 硬體編號）

在 1.0.6 版之後可以同時設定兩組同時收送，在 1.0.5 版之前因為參考 Arduino 的設計，兩組同時間只能有一組收送。

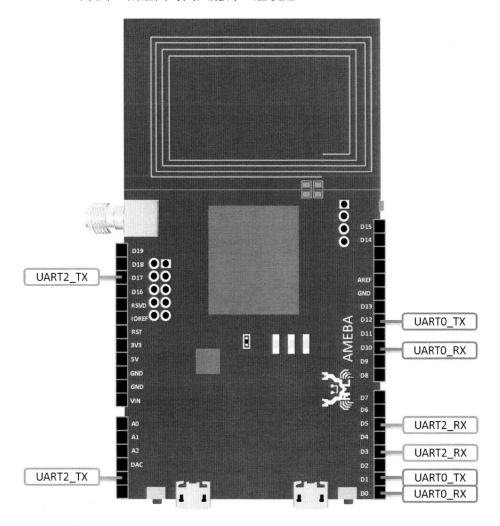

參考程式碼:

```
SoftwareSerial myFirstSerial(0, 1); // RX, TX, using UART0
```

```
SoftwareSerial mySecondSerial(3, 17); // RX, TX, using UART2

void setup() {

    myFirstSerial.begin(38400);

    myFirstSerial.println("I am first uart.");

    mySecondSerial.begin(57600);

    myFirstSerial.println("I am second uart.");

    }
```

資料來源：Ameba RTL8195AM 官網：如何使用多組

UART?(http://www.amebaiot.com/use-multiple-uart/_

Ameba RTL8195AM 使用多組 I2C

Ameba 在開發板上支援 3 組 I2C，佔用的 pin 如下圖所示：

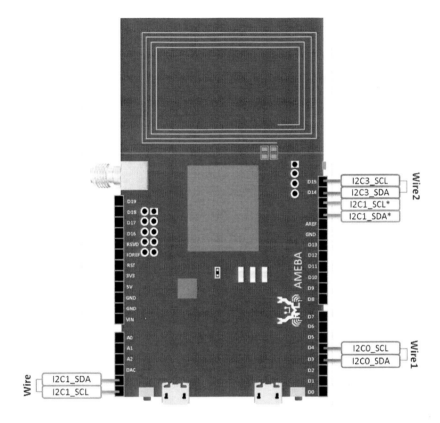

在 1.0.6 版本之後可以使用多組 I2C，請先將 Wire.h 底下定義成需要的數量：

#define WIRE_COUNT 1

接著就可以使用多組 I2C：

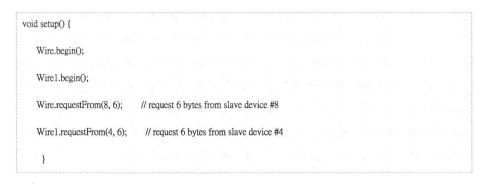

```
void setup() {

  Wire.begin();

  Wire1.begin();

  Wire.requestFrom(8, 6);      // request 6 bytes from slave device #8

  Wire1.requestFrom(4, 6);     // request 6 bytes from slave device #4

  }
```

資料來源：Ameba RTL8195AM 官網：如何使用多組 I2C? (http://www.ame-

baiot.com/use-multiple-i2c/)

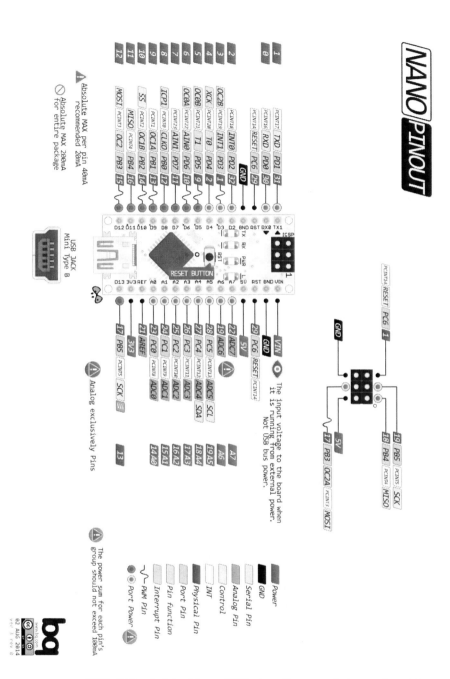

資料來源：Arduino Nano 官網：http://www.amebaiot.com/boards/

燈泡變壓器腳位圖

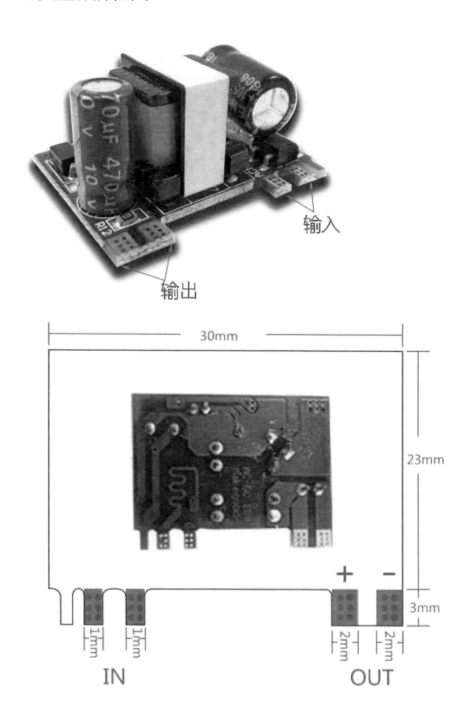

輸入

輸出

30mm

23mm

3mm

+ −

1mm 1mm 2mm 2mm

IN OUT

參考文獻

Realtek. (2016a, 2017/1/1). Ameba Arduino: Getting Started With RTL8195. Retrieved from https://www.amebaiot.com/ameba-arduino-getting-started/

Realtek. (2016b, 2017/1/1). Ameba Arduino: Getting Started With RTL8710. Retrieved from https://www.amebaiot.com/ameba-arduino-getting-started-rtl8710/

曹永忠. (2016). 智慧家居-透過 TCP/IP 控制家居彩色燈泡. *Circuit Cellar 嵌入式科技*(國際中文版 NO.5), 82-96.

曹永忠, 許智誠, & 蔡英德. (2014). *Arduino 光立体魔术方块开发: Using Arduino to Develop a 4* 4 Led Cube based on Persistence of Vision*. 台湾、彰化: 渥瑪數位有限公司.

曹永忠, 吳佳駿, 許智誠, & 蔡英德. (2016a). *Ameba 气氛灯程序开发(智能家庭篇):Using Ameba to Develop a Hue Light Bulb (Smart Home)* (初版 ed.). 台湾、彰化: 渥瑪數位有限公司.

曹永忠, 吳佳駿, 許智誠, & 蔡英德. (2016b). *Ameba 氣氛燈程式開發(智慧家庭篇):Using Ameba to Develop a Hue Light Bulb (Smart Home)* (初版 ed.). 台湾、彰化: 渥瑪數位有限公司.

曹永忠, 吳佳駿, 許智誠, & 蔡英德. (2016c). *Ameba 程式設計(基礎篇):Ameba RTL8195AM IOT Programming (Basic Concept & Tricks)* (初版 ed.). 台湾、彰化: 渥瑪數位有限公司.

曹永忠, 吳佳駿, 許智誠, & 蔡英德. (2016d). *Ameba 程序设计(基础篇):Ameba RTL8195AM IOT Programming (Basic Concept & Tricks)* (初版 ed.). 台湾、彰化: 渥瑪數位有限公司.

曹永忠, 吳佳駿, 許智誠, & 蔡英德. (2017a). *Ameba 程式設計(物聯網基礎篇):An Introduction to Internet of Thing by Using Ameba RTL8195AM* (初版 ed.). 台湾、彰化: 渥瑪數位有限公司.

曹永忠, 吳佳駿, 許智誠, & 蔡英德. (2017b). *Ameba 程序设计(物联网基础篇):An Introduction to Internet of Thing by Using Ameba RTL8195AM* (初版 ed.). 台湾、彰化: 渥瑪數位有限公司.

曹永忠, 吳佳駿, 許智誠, & 蔡英德. (2017c). *Arduino 程式設計教學(技巧篇):Arduino Programming (Writing Style & Skills)* (初版 ed.). 台湾、彰化: 渥瑪數位有限公司.

曹永忠, 吳佳駿, 許智誠, & 蔡英德. (2017d). *蓝芽气氛灯程序开发(智能家庭篇) (Using Nano to Develop a Bluetooth-Control Hue Light Bulb (Smart Home Series))* (初版 ed.). 台湾、彰化: 渥瑪數位有限公司.

曹永忠, 吳佳駿, 許智誠, & 蔡英德. (2017e). *藍芽氣氛燈程式開發(智慧家庭篇) (Using Nano to Develop a Bluetooth-Control Hue Light Bulb (Smart*

Home Series)) (初版 ed.). 台湾、彰化: 渥瑪數位有限公司.

曹永忠, 許智誠, & 蔡英德. (2014a). *Arduino 手搖字幕機開發:The Development of a Magic-led-display based on Persistence of Vision* (初版 ed.). 台灣、彰化: 渥瑪數位有限公司.

曹永忠, 許智誠, & 蔡英德. (2014b). *Arduino 手搖字幕机开发: Using Arduino to Develop a Led Display of Persistence of Vision.* 台湾、彰化: 渥瑪數位有限公司.

曹永忠, 許智誠, & 蔡英德. (2014c). *Arduino 光立體魔術方塊開發:The Development of a 4 * 4 Led Cube based on Persistence of Vision* (初版 ed.). 台灣、彰化: 渥瑪數位有限公司.

曹永忠, 許智誠, & 蔡英德. (2014d). *Arduino 旋转字幕机开发: Using Arduino to Develop a Propeller-led-display based on Persistence of Vision.* 台湾、彰化: 渥瑪數位有限公司.

曹永忠, 許智誠, & 蔡英德. (2014e). *Arduino 旋轉字幕機開發: The Development of a Propeller-led-display based on Persistence of Vision.* 台灣、彰化: 渥瑪數位有限公司.

曹永忠, 許智誠, & 蔡英德. (2015a). *Arduino 手机互动编程设计基础篇:Using Arduino to Develop the Interactive Games with Mobile Phone via the Bluetooth* (初版 ed.). 台湾、彰化: 渥瑪數位有限公司.

曹永忠, 許智誠, & 蔡英德. (2015b). *Arduino 手機互動程式設計基礎篇:Using Arduino to Develop the Interactive Games with Mobile Phone via the Bluetooth* (初版 ed.). 台湾、彰化: 渥瑪數位有限公司.

曹永忠, 許智誠, & 蔡英德. (2015c). *Arduino 程式教學(入門篇):Arduino Programming (Basic Skills & Tricks)* (初版 ed.). 台湾、彰化: 渥玛数位有限公司.

曹永忠, 許智誠, & 蔡英德. (2015d). *Arduino 程式教學(常用模組篇):Arduino Programming (37 Sensor Modules)* (初版 ed.). 台湾、彰化: 渥玛数位有限公司.

曹永忠, 許智誠, & 蔡英德. (2015e). *Arduino 程式教學(無線通訊篇):Arduino Programming (Wireless Communication)* (初版 ed.). 台湾、彰化: 渥瑪數位有限公司.

曹永忠, 許智誠, & 蔡英德. (2015f). *Arduino 编程教学(无线通讯篇):Arduino Programming (Wireless Communication)* (初版 ed.). 台湾、彰化: 渥瑪數位有限公司.

曹永忠, 許智誠, & 蔡英德. (2015g). *Arduino 编程教学(常用模块篇):Arduino Programming (37 Sensor Modules)* (初版 ed.). 台湾、彰化: 渥玛数位有限公司.

曹永忠, 許智誠, & 蔡英德. (2015h). *Arduino 编程教学(入门篇):Arduino Programming (Basic Skills & Tricks)* (初版 ed.). 台湾、彰化: 渥玛数位有限公

司.

曹永忠, 許智誠, & 蔡英德. (2016a). *Arduino 程式教學(基本語法篇):Arduino Programming (Language & Syntax)* (初版 ed.). 台湾、彰化: 渥瑪數位有限公司.

曹永忠, 許智誠, & 蔡英德. (2016b). *Arduino 程序教学(基本语法篇):Arduino Programming (Language & Syntax)* (初版 ed.). 台湾、彰化: 渥瑪數位有限公司.

曹永忠, 郭晉魁, 吳佳駿, 許智誠, & 蔡英德. (2017). *Arduino 程序设计教学(技巧篇):Arduino Programming (Writing Style & Skills)* (初版 ed.). 台湾、彰化: 渥瑪數位有限公司.

維基百科. (2016, 2016/011/18). 發光二極體. Retrieved from https://zh.wikipedia.org/wiki/%E7%99%BC%E5%85%89%E4%BA%8C%E6%A5%B5%E7%AE%A1

Ameba 8710 Wifi 氣氛燈硬體開發（智慧家庭篇）

Using Ameba 8710 to Develop a WIFI-Controlled Hue Light Bulb (Smart Home Series)

作　　者：曹永忠、許智誠、蔡英德

發 行 人：黃振庭

出 版 者：崧燁文化事業有限公司

發 行 者：崧燁文化事業有限公司

E-mail：sonbookservice@gmail.com

粉 絲 頁：https://www.facebook.com/
　　　　　sonbookss/

網　　址：https://sonbook.net/

地　　址：台北市中正區重慶南路一段六十一號八
　　　　　樓 815 室

Rm. 815, 8F., No.61, Sec. 1, Chongqing S. Rd., Zhongzheng Dist., Taipei City 100, Taiwan

電　　話：(02) 2370-3310

傳　　真：(02) 2388-1990

印　　刷：京峯彩色印刷有限公司（京峰數位）

律師顧問：廣華律師事務所 張珮琦律師

國家圖書館出版品預行編目資料

Ameba 8710 Wifi 氣氛燈硬體開發. 智慧家庭篇 = Using Ameba 8710 to Develop a WIFI-Controlled Hue Light Bulb (Smart Home Series)/ 曹永忠, 許智誠, 蔡英德著. -- 第一版. -- 臺北市：崧燁文化事業有限公司, 2022.03

　面；　公分

POD 版

ISBN 978-626-332-064-2(平裝)

1.CST: 微電腦 2.CST: 電腦程式語言

471.516　111001378

定　　價：360 元

發行日期：2022 年 03 月第一版

◎本書以 POD 印製

官網

臉書